길 위의 역사, 고개의 문화

옛길박물관

문경편

길 위의 역사, 고개의 문화

옛길박물관

문경편

초판 1쇄 인쇄 | 2015년 10월 15일
초판 1쇄 발행 | 2015년 10월 25일

엮은이 | 옛길박물관
기획 | 여운황(옛길박물관)
사진 | 서헌강, 김은진, 윤석환, 류수
유물해제 | 신탁근, 양보경, 이완규, 조병로, 안태현

발행처 | ㈜대원사
발행인 | 김남석
주   소 | 135-945 서울시 강남구 양재대로 55길 37, 302
전   화 | (02)757-6711, 6717~9
팩   스 | (02)775-8043
등록번호 | 제3-191호
홈페이지 | http://www.daewonsa.co.kr

값 25,000원

Daewonsa Publishing Co., Ltd
Printed in Korea 2015

ISBN | 978-89-369-0845-4

이 책의 국립중앙도서관 출판시 도서목록(CIP)은 e-CIP홈페이지(http://www.nl.go.kr/ecip)에서
이용하실 수 있습니다. (CIP제어번호 : CIP2015026522)

길 위의 역사, 고개의 문화

옛길박물관

문경편

ⓦ 대원사

머리글

옛길박물관은 길과 관련한 문화유산과 더불어 지역의 다양한 문화유산을 확보하여 보존하고 전시하고 있습니다. 그 동안 정성스럽게 수집한 우리 고장의 역사문화 관련 자료가 7000여 점을 넘었습니다. 이 중 길과 관련된 문화유산은 도록『옛길박물관－옛길편』에 이미 소개가 되었습니다. 『옛길박물관－옛길편』은 유물과 관련된 역사적 이야기와 우리나라 옛길 위에서 펼쳐졌던 문화상이 특별히 '스토리텔링'이라는 형식으로 전개되는 도록입니다.

이번에 발간되는 도록(圖錄)은 '옛길편'에 이은 '문경편'으로, 문경의 다양한 문화유산을 만날 수 있습니다. 문경의 선사시대를 볼 수 있고, 옛지도를 통해서 문경을 바라보고, 우리 민족의 표상인 아리랑과 근대 아리랑의 본향인 문경에서 전승되고 있는 문경새재아리랑의 진면목을 볼 수 있습니다. 또한 문경에서 발굴된 출토 복식, 고서(古書), 생업 및 의식주 생활 등 다양한 문화유산을 수록하였습니다.

문화는 다양함을 바탕으로 그 의미를 꽃피웁니다. 의미가 꽃피면 '문화'라는 나무가 풍성해집니다. 풍성해지면서 나무의 줄기는 더 견고해지고, 결국 그 나무의 정체성이 드러나게 됩니다. 문경의 다양한 문화유산을 보여 주면서 문경의 정체성이 드러나길 기대해 봅니다.

문경에서 펼쳐졌던 크고 작은 문화상이 이 도록에 수록된 유물을 통해 여러분에게 다가갑니다. 우리의 문화유산을 아끼고 사랑하는 분들에게 의미 있는 책이 되었으면 합니다.

⟨일러두기⟩

* 이 책은 문경시 '옛길박물관 도록'으로 발간된 것으로, '옛길편'에 이은 '문경편'이다.
* 책의 편집상 유물 명칭만 표기하였다. 유물에 관한 세부 사항은 ⟨도판 목록⟩을 참고하기 바란다.
* 유물 사진은 대부분 서헌강이 촬영하였으며, 출토 복식 중 진성이낭 묘 유물 사진은 국립문화재연구소
  문화재보존과학센터에서, 아리랑 유물 사진은 김은진이 촬영하였다. 아리랑 일부와 농기는 류수가 촬
  영하였다.

경사스러움을 듣는 고장 聞慶

문경은 한반도 동남부, 경상북도 서북단에 위치하고 있다. 수리적 위치는 경도 상으로 동쪽은 동경 128° 22′ 42″(동로면 석항리 매봉), 서쪽은 동경 127° 52′ 48″(가은 읍 완장리)이다. 위도상으로 남쪽은 북위 36° 31′ 40″(농암면 내서리), 북쪽은 36° 52′ 10″(동로면 명전리)이다. 동서 간 직선 거리는 약 39.583㎞, 남북 간 직선 거리는 약 37.083㎞이다. 지리적으로 보면 우리나라 산의 등줄기인 백두대간에 위치하고 있으며, 경상북도 내륙 중산간 지역으로 동쪽으로는 예천군, 남쪽으로는 상주시, 서쪽으로는 충청북도 괴산군, 북쪽으로는 충청북도 제천시, 충주시와 경계를 이루고 있다. 문경은 예로부터 서울을 중심으로 하는 기호 지방과 백두대간 남쪽 지역인 영남 지방을 연결하는 고갯길이 개척되어 교통과 군사적 요충지로 주목받아 왔다.

　　문경 지역이 기록상에 처음 등장하는 것은 『삼국사기三國史記』 권 2 「아달라 이사금 3년 조」에 보이는 "여름 4월 계립령로를 열었다 夏四月 開鷄立嶺路"이다. 삼국 시대의 계립령은 고구려와 신라의 국경 지대이면서 군사 요충지였고, 불교문화의 유입로가 되었다. 신라의 지방 체제 편입 이후 문경은 관문현冠文縣('관현冠縣' 혹은 '고사갈이성'이라 부르기도 하였으며, 현재 문경 마성 지역임.), 가해현(현재 가은 농암 지역), 호측현('배산성'이라 부르기도 하였으며, 현재 점촌과 호계 지역임.), 근품현(현재의 산양 지역임.), 고동람군('고능군'이라 부르기도 하였다. 현재 함창 지역이며, 점촌의 일부와 영순의 일부 지역이 포함됨.), 축산현('원산'이라 부르기도 하였다. 현재 예천 용궁 지역이며, 영순의 일부 지역이 포함됨.), 난산현(현재 동로와 산북면 일부 지역이 포함됨.) 등으로 불렸다. 757

년(경덕왕 16) 통일신라 지방 제도 개편 시 문경 지역은 관산현(문경 마성 지역으로 고령군의 영현), 가선현(가은, 농암 지역으로 고령군의 영현), 호계현(점촌, 호계면의 일부로 고령군의 영현), 가유현(산양, 산북 지역으로 예천군의 영현), 안인현(동로면 일원과 옛 화장면 일원으로 예천군의 영현)으로 불렸다.

고려시대가 되면서 관산현은 '문희군'으로, 가선현은 '가은현'으로 개명되었다. 호계현은 변동이 없었으며, 가유현은 '산양현'으로 되어 예천군의 영현에서 상주목의 속현이 되었다. 문희군은 정확한 연대를 알 수는 없지만 '문경군'으로 개명되었다. 1390년(공양왕 2) 문경군에 감무가 설치되면서 상주의 속현인 가은현이 편입되었다. 산양현에도 감무가 설치되었으나 1180년(명종 10)에 폐지되었다.

조선 시대에는 1414년(태종 14) 8도 체제가 완비되어 문경현의 감무가 현감으로 바뀌고 호계현이 편입되었다. 가은현은 문경현의 속현으로 있었고, 산양현과 영순현은 상주의 속현으로 있었다. 1892년(고종 32)에는 문경도호부로 승격하였고, 1895년(고종 35)에 8도 체제가 23부로 개편되면서 문경군이 없어졌다가 1896년(건양 원)에 23부 체제가 다시 13도로 개편되면서 문경군이 되었다. 1906년에 예천군의 동로면과 화장면이 문경군에 편입되었고, 상주군의 산서, 산남, 산동, 산북, 영순이 편입되었다. 1995년에 점촌시와 문경군이 통합되어 지금의 문경시가 되었다.

반달 돌칼로 이삭 훑던 시절 선사 시대 문경

구석기 시대에서 초기 철기 시대에 이르기까지 문경의 선사 유적은 그 문화의 양상이 나타나기는 하지만 실체를 밝히기에는 다소 부족한 면이 있다. 이후 발굴 성과에 따라서 선사문화의 계통이나 성격, 그리고 그 문화를 형성하는 사회에 대한 이해가 가능할 것이다.

구석기 시대 후기에서 신석기 시대의 흔적은 지표 조사에서 확인된 산양면 반곡리 주변 일대에서 출토된 '슴배식타날 화살촉'과 점촌동 창마마을 수습 유물인 '돌보습' 등이 보고되어 있다. 이들 유물 출토 유적은 영강 일대의 구릉지와 충적지에 위치하며, 청동기 시대에도 계승된다.

문경의 청동기 시대 유적은 가은읍 갈전리 아차마을 고인돌을 비롯하여 문경읍 하리, 요성리, 산양면 반곡리, 가은읍 완장리, 점촌동 창마마을, 농암면 갈동리, 지동리 등에서 발견된다. 또한 이들 지역의 주변에 분포하는 고인돌의 덮개돌과 자연 암석에서는 바위그림 등으로 분류될 수 있는 수많은 바위 구멍(성혈(性穴))들이 확인되고 있다.

가은읍 갈전리 고인돌

가은읍 갈전리 고인돌

문경읍 하2리 고인돌

가은읍 갈전리 고인돌

신라 최대의 목조 건물 고모산성

고모산성은 문경시 마성면 신현리 일대의 고모산(해발 231m)에 위치하고 있다. 고대부터 이곳은 백두대간으로 가로막힌 영남 지방과 한강 이남 지방을 연결하는 교통로가 발달하였던 곳으로, 고대 계립령 일대를 통제할 수 있는 전략적 요충지에 해당된다.

서문터 일원의 평탄 대지에 대한 발굴 조사에서 이곳이 계곡 중심부로 퇴적토가 높이 10m 이상 덮고 있어 목재 구조물 등이 저습지처럼 잘 보존된 채 남아 있었다. 이 지하식 목재 시설물은 신라 시대 유적에서 처음 발견된 것으로, 타 유적과 비교하여 가장 큰 규모이며, 수직 기둥과 수평 목재가 결구되어 교차하는 가구 시설 및 측벽이 거의 완전한 형태로 확인되었다. 우리나라 초기 목조 건축술을 살필 수 있는 중요한 학술 자료라고 할 수 있다.

또한 석축으로 조성된 저수 시설, 우물 유구 등 산성 방어에 있어 농성전에 가장 필요한 수원과 관련된 중요 유구가 여러 시기에 걸쳐 이곳에 밀집되어 분포하고 있음을 알 수 있다. 이러한 유적의 발견으로 인해 신라가 한강 유역으로 진출하기에 앞서 문경 지방에 고모산성을 축성하여 교두보로서 북진의 전초 기지로 사용되어 왔음을 알 수 있다.

고모산성 서문터 안쪽 전경   지하식 목재 시설물 모음

고모산성 서문지
출토 유물들

삼국 시대 문경 사람들의 삶 고모산성 고분군

문경시는 '유교문화권 관광개발사업'의 일환으로 마성면 신현리에 있는 고모산성과 주변 문화 유적에 대한 발굴조사를 진행하였다.

문경 신현리 고분군에 대해 1차 발굴 조사와 2차 발굴 조사를 진행한 결과 조사된 삼국 시대 고분은 출토 유물의 연대와 축조 방법에 있어서 6C 전반경에 신라가 문경 지역에 진출한 이후에 축조되었음을 알 수 있다. 이는 문경 지역이 당시 삼국의 접경 지대였음을 고려할 때, 앞서 조사된 고모산성의 조사 성과와 더불어 상주를 거점으로 하여 문경 지역을 거쳐 북쪽 소백산맥의 고갯길인 조령을 넘어 한강 유역으로 진출하는 신라의 영토 확장 과정을 연구할 수 있는 좋은 학술적 자료가 된다. 아울러 1차 조사 지역(2005년)에서 확인된 매장 공간 위쪽에 일정한 높이의 돌을 내밀어 받침으로 사용할 수 있게 만든 구조가 있는 1호분과 2차 발굴 조사에서 확인된 벽감 형태의 출입구 조성 방법(1호분, 2호분, 7호분) 등은 신현리 고분군의 특수성을 보여 주는 중요한 학술 자료이다.

고모산성과 신현리 고분군 전경

1호분 조사 후 전경

문경 신현리 고분군 전경

1호 봉토분 출토 이식

18호 석실

1호 석실

고지도에 나타난 문경

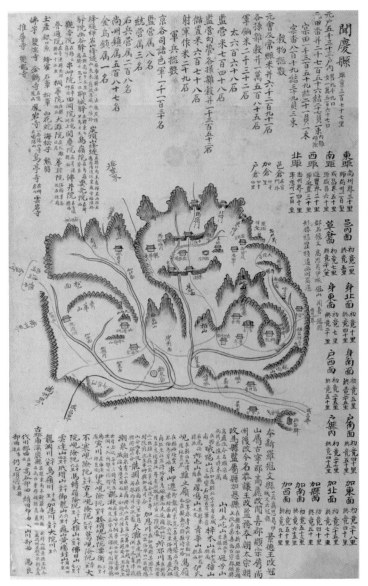

001 해동지도 – 문경현

『해동지도』는 1750년대 초에 제작된 회화식 군현지도집으로, 조선전도 · 도별도 · 군현지도뿐만 아니라 세계지도 · 관방지도 등이 망라되어 있다. 민간에서 제작된 지도집이 아니라 국가 차원에서 정책을 결정하는 데 활용된 관찬 군현지도이다. 문경현은 지금의 문경시 문경읍, 저음리를 제외한 가은읍 전체, 마성면 · 농암면, 영신동을 제외한 문경 시내 전체, 호계면 서부를 포함하는 지역이었다. 읍치 북쪽에 위치한 주흘산(主屹山)은 문경현의 진산(鎭山)으로, 웅장하게 표기되어 있다. 문경새재 안의 각 관문(동성문, 중성문, 조령문)과 혜국사 · 용화사 등의 사찰, 오동원(悟桐院)으로 표기된 장방형의 조령원터, 북암문, 동암문, 탄항봉수 등이 잘 나타나 있다. 이 밖에도 문경현 전체의 수계(水系)와 도로 등이 표현되어 있다. 지도의 외곽에는 주변 지역과의 거리, 고적, 역원 등이 정리되어 있다.

002 해동지도 – 조령성

조령성의 각 관문이 '동성문', '주서관', '조령관'으로 표기되어 있으며, 혜국사·용화사·보제사 등의 사찰과 동암문, 북암문 등도 보인다. 동성문(제1관문) 내에 '초곡주막'이라는 주막촌이 형성되어 있음을 알 수 있다. 지금의 촬영장 부근에 위치한 동창(東倉)은 5읍(문경, 함창, 예천, 용궁, 상주)의 군량미를 저장하는 창고이다. 지도 외곽에는 부근 사찰 5개와 승려 수를 기록하고 있는데, 승려들은 유사시에 조령성을 지키는 역할을 담당하였다. 다른 군현지도와 달리 초록색으로 아름답게 산을 표시하였다. 산들이 조령성을 진호하는 형국을 잘 표현하고 있는데, 이는 풍수지리의 영향 때문이다. 도로는 붉은 실선으로 표시하였다. 건물은 회색과 붉은색을 적절히 사용하여 한눈에 파악할 수 있다. 설명문의 내용도 다른 군현지도에 비해서 무척 자세하다.

003 비변사인방안지도 − 영남지도 − 문경

문경에는 한양~동래를 잇는 도로상에서 가장 중요한 관방처 2개가 있다. 첫 번째는 경상도에서 충청도로 넘어가는 조령이다. 지도에 하성(下城)·중성(中城)·조령관(鳥嶺關)의 모습이 잘 반영되어 있다. 두 번째는 지도 가운데 보이는 토천 부근이다. 이곳을 '관갑천(串岬遷)'이라고도 하는데, 여기서 '천(遷)'이란 '벼랑길'을 의미하며, 지도에 상세하게 표현되어 있다. 이와 같은 지형 조건 때문에 이곳은 군사적으로 매우 중요하게 여겨졌다. 그 왼쪽으로는 고모성(姑母城)이, 맞은편에는 고부성(姑父城)이 표시되어 옛날부터 중요한 관방처로 인식되고 있었음을 알 수 있다. 지도 아래쪽의 유곡역(幽谷驛)은 종 6품의 찰방(察訪)이 파견된 곳으로, 18개의 속역(屬驛)을 거느리고 있었다. 주흘산 밑의 신묘(神廟)는 주흘산사(主屹山祠)로서 봄과 가을에 향을 하사받아 소사를 지내던 곳이다. 도로는 붉은색 실선으로 그려 넣었고, 산세도 볼 만하다.

004 광여도 – 문경현

19C 문경현의 모습이 잘 묘사되어 있다. 문경새재 내의 하성문, 중성문, 조령관을 비롯하여 혜국사·용화사 등 사찰과 어류전구지(御留殿舊址), 별장소, 산성창, 교귀정, 포루(砲樓) 등이 상세하게 표현되어 있다. 문경현에 속한 13개의 면과 유곡역, 요성역 등도 살펴볼 수 있으며, 각종 관방 시설(고모성, 고부성, 토천, 탄항봉수)과 건물지, 명산 등이 잘 묘사되어 있다.

문경새재아리랑

문경새재 물박달나무
홍두깨 방망이로
아리랑 아리랑 아라리랑
아리랑 고개로
넘어간다요

큰아기 홍두깨
손질에 방망이
아리랑 아리랑
고개로
놀아라 난다 좋아
넘어간다요

문경새재 굽이야
넘어를 갈제
아리랑 아리랑
아라리
고개로
아눈을 갈제 났다
넘어간다요

길 위의 노래, 고개의 소리 아리랑

길을 걷다 산을 만나면 고개를 넘어야 한다. 문경새재는 우리나라 고개의 대명사로, 역사적으로 수많은 사람들이 넘어갔고, 지금도 넘고 있고, 고개를 넘는 사연은 다르지만 앞으로도 많은 사람들이 넘을 것이다. 길과 고개는 수많은 사람들의 자취가 남아 있는 역사 그 자체이며, 그 역사의 현장에 형성된 삶의 문화이다. 그러기에 '길 위의 역사, 고개의 문화'라고 한다.

아리랑은 우리나라의 역사와 늘 함께했던 겨레의 노래이다. 아리랑은 역사를 거슬러 올라가기도 하고, 오늘날 아리랑으로 울려 퍼지기도 한다. 강원도 정선에서, 전라도 진도에서, 경상도 밀양에서, 그리고 문경에서도 아리랑은 노래된다. '길 위의 역사, 고개의 문화'가 문경새재에서 아리랑과 만났다. '문경새재아리랑'이다.

아리랑을 생각하면 굽이굽이 길게 펼쳐진 길과 고개가 생각나는 건 왜일까? 아리랑을 생각하면 삶과 역사의 굴곡이 생각나는 건 왜일까? 구불구불한 길과 오르고 넘어야 하는 고개는 아리랑과 닮았다. 아리랑 고개고개로 나를 넘겨 주고, 아리랑 고개로 넘어간다. 아리랑은 수많은 사람들의 사연이 녹아 있는 역사 그 자체이며, 삶의 문화이다. 그러기에 아리랑은 '길 위의 노래, 고개의 소리'이다.

아리랑의 역사

아리랑은 누가, 언제, 어디서 부르기 시작했을까?

아리랑, 아르렁, 아로롱, 어르렁, 아라리, 쓰리랑, ……. 아리랑의 어원과 유래는 참 많다. 어느 것 하나 버릴 것도 없지만, 정설로 받아들일 수 있는 것도 없다. 구비□碑로 전승되어 온 아리랑의 특징 때문이다.

아리랑은 민중들의 노래이며, 한때 왕도 즐겼던 노래이다. 아리랑은 우리 민족의 표상이며 집합의식으로, 때로는 보이게 때로는 보이지 않게 우리 내면에 깊숙이 뿌리내려진 하나의 민족적 정체성이라 할 수 있다. 아리랑은 기쁘고 찬란한 희망의 역사와 함께하였고, 고되고 힘든 절망의 역사와 함께하였다. 아리랑은 희망과 절망이라는 역사의 반복적인 흐름 속에서 우리의 삶과 늘 함께하고 가까이 존재했던 역사적 실재實在이면서 역사적 명목名目이었다.

아리랑은 나운규이고, 김산이며, 광복군이다. 아리랑은 국가國歌이고 대중가요다. 아리랑은 지금 우리 모두가 부르고 있는 노래이다. 아리랑은 우리의 역사 그 자체이다.

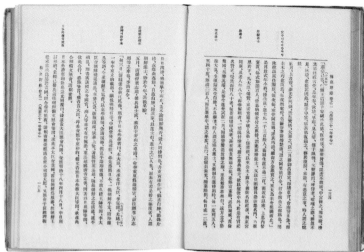

005 매천야록

황현(黃玹, 1855~1910)이 궁중 내 사정을 잘 아는 가주서(假注書) 승지 이최승(李最承)이 전한 내용을 정리한 것이다. "1월에 임금이 낮잠을 자다가 광화문이 무너지는 꿈을 꾸고 깜짝 놀라 잠에서 깨었다. 임금은 크게 불길하게 여겨 그해 2월 창덕궁으로 이어(移御)하고 즉시 동궁(東宮)을 보수하였다. (중략) 임금은 매일 밤마다 등불을 켜놓고 광대들을 불러 '신성염곡(新聲艶曲)'을 연주하게 하였는데, '아리랑타령'이라 일컫는 것이다."라는 내용을 통해 당시 궁궐에서도 '아리랑'을 즐겼다는 사실을 알 수 있다. 이 책은 1955년 국사편찬위원회에서 '한국사료총서 제1집'으로 간행되었다.

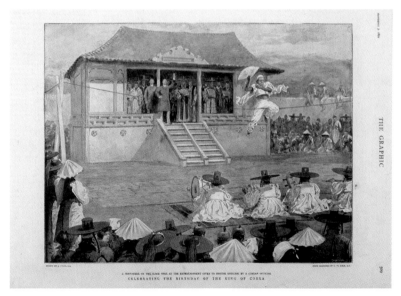

006 '왕의 생일잔치' 화보

궁궐에서 줄타기하는 그림으로, 『매천야록』에서 '아리랑'과 관련하여 연희를 열었다는 기록을 유추할 수 있다.

007 한양가

1844년(헌종 10) 한산거사(漢山居士)가 지은 풍물가사(風物歌辭)이다. 분량은 2율각 1구로 헤아려 모두 1528구의 장편 가사이다. 조선 왕도인 한양성의 연혁, 풍속, 문물, 제도, 도국(都局) 및 왕실에서 능(陵)에 나들이하는 광경 등을 노래하였다. 고종 때 사당패가 대궐까지 들어와 〈아리랑타령〉을 불렀다는 기록이 있다.

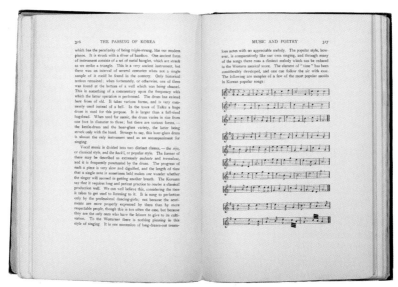

008 The Passing of Korea

1906년 헐버트가 저술한 영문판 한국 여행기로, 당시 한국 사회의 풍속을 살펴볼 수 있다. 이 책에서 한국의 민요를 기술했는데, 〈아리랑〉 악보, 문경새재와 박달나무에 관련된 내용이 수록되어 있다.

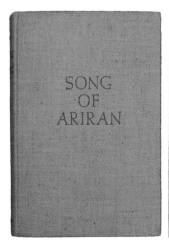

009 SONG OF ARIRAN

1937년『중국의 붉은 별』로 유명한 에드가 스노의 부인이자 신문기자였던 님 웨일즈가
조선인 독립운동가이면서 시인이자 무정부주의자 김산을 만나
3개월간 20회의 구술을 통해 신비와 고뇌에 찬 김산의 생애를 기록한 책이다. 1941년에 출간되었다.

김 산

본명 장지락(張志樂, 1905~1938), 평안북도 용천 출신의 사회주의 운동
가이다. 3·1운동이 일어나자 만세 시위운동에 참여하는 등 강한 민족
의식을 지니고 있었다. 이후 일본으로 건너가 동경제국대학(東京帝國大
學) 입학을 준비할 때 마르크스주의와 무정부주의를 접하기 시작하였
다. 1920년경 만주로 건너가 6개월간 신흥무관학교에서 군사학을 배우
고 상해(上海)로 간 그는 임시정부의 기관지인《독립신문(獨立新聞)》의
교정원 및 인쇄공으로 일하며 많은 독립운동가를 만났다. 황푸군관학
교(黃埔軍官學校)의 교사로도 재직하였으며, 1925년 7월 국민혁명의 중
심지인 광저우(廣州)로 가서 중국공산당에 입당하였다. 1938년 8월 산
간닝(陝甘寧) 소비에트 지구에서 조선혁명가 대표로 당선되어 활동하
다 당의 요청으로 예안(延安)의 항일군정대학(抗日軍政大學)에서 교편을
잡았다. 이때 미국의 언론인 웨일즈(Wales.N)를 만나 자신의 생애를 구
술하였다. 그러나 1938년 신간닝변구보안처(陝甘寧邊區保安處)에 의하
면 반역자, 일본의 스파이, 트로츠키주의자로 낙인찍혀 비밀 처형을 당
하였다. 등소평(鄧小平)이 등장한 이후 중국공산당 중앙 조직부에 의해
1983년 1월 복권되었다.

010 영화 '아리랑' 포스터

나운규의 영화 〈아리랑〉을 일본에 수출하기 위해 1957년에 제작된 포스터이다. 이 포스터에는 영화 스틸 사진을 포함, 영화에 대한 정보가 간략하게 적혀 있다.

011 도왜실기　1932년에 출간된 엄항섭의 김구 선생 전기로, 광복군 군가 3편이 수록되어 있는데, 〈광복군아리랑〉이 들어 있다.

012 영화 '아리랑' 대본

1967년 나운규 30주기 추모 아리랑 영화 대본으로, 영화화되지는 못했다.

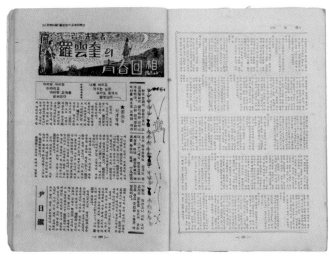

만화, 광고, 칼럼 등 다양한 정보가 실린 1956년의 잡지이다.
잡지 내용 중 윤일진이 나운규에 대해 쓴 기사가 실려 있다.

나운규

나운규(羅雲奎, 1902~1937)는 초기 한국영화의 배우이자 민족주의
영화감독이다. 나운규는 아직 틀이 잡히지 않았던 한국영화에 새
로운 숨결을 불어넣어 선각자 역할을 담당한 탁월한 인물이었다.
초기에는 주로 식민지 지식인의 저항의식과 민족의식이 짙게 배
어 있는 민족주의 영화들을 만들었고, 후기로 접어들면서 엽기적
통속성과 권선징악의 서사, 신파성 등이 강조된 영화들을 제작하
였다.

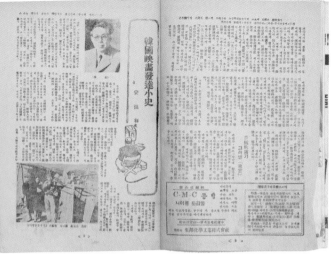

014 영화 · 연극

1950년대 영화에 대한 각종 정보를 실은 잡지이다. 우리나라 영화뿐만 아니라 외국 영화에 대한 정보까지 소개하였는데, 특히 경성 촬영소 작품 〈아리랑고개〉에 관한 사진 및 기사가 실려 있다.

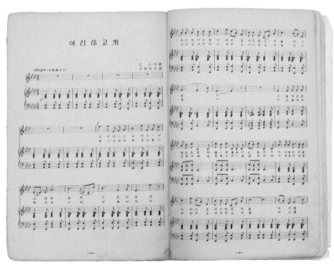

015 이흥렬 작곡집

이흥렬(李興烈, 1909~1981)은 1958년 《세계일보》에 「우리 음악과 세계화 문제 ― 아리랑의 정서를 중심하여」라는 글을 통해 아리랑의 세계성을 주장했던 인물이다. 이 책은 1934년에 발행되었으며, 〈아리랑고개〉가 수록되어 있다.

016 조선민요집

김소운(金素雲, 1907~1981)이 쓴 것으로,
1941년에 일본 신조사에서 출판되었다.

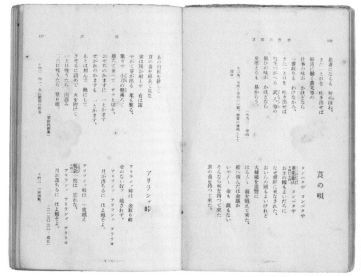

017 조선민요선

김소운(金素雲, 1907~1981)이 1933년에 한국 민요를 일본어로 번역한 책으로,
다양한 민요와 함께 〈아리랑〉도 수록되어 있다.

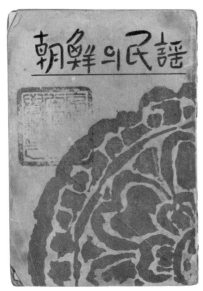

018 조선의 민요

1954년 2월 10일 서울 국제음악문화사에서 발행한 책이다. 성경린·장사훈 선생 등이 함께 엮은 책으로, 우리나라의 민요를 도별로 분류해 일목요연하게 실어 놓았다. 민요를 연구하는 사람들에게 중요한 텍스트로 인정받는 책이다. 이 책 속에는 경기도 편에 〈본조아리랑〉·〈신아리랑〉·〈아리랑세상〉 등이 있고, 강원도 편에 〈강원도 아리랑〉·〈정선아리랑〉, 경상도 편에는 〈밀양아리랑〉, 전라도 편에는 〈진도아리랑〉 등 7편의 아리랑을 포함해 80여 편의 민요가 해설과 함께 실려 있다.

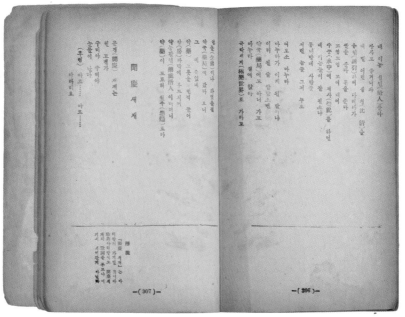

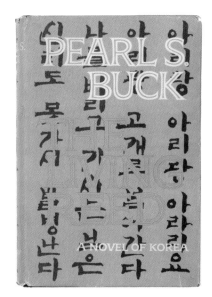
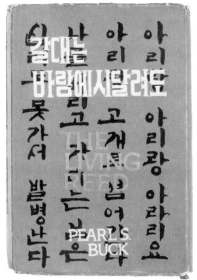

019 THE LIVING REED / 갈대는 바람에 시달려도

세계적인 작가 펄벅이 1963년에 한국을 배경으로 쓴 소설이다. 이 소설은 구한말부터 1945년 해방되던 해까지를 배경으로 한다. 펄벅의 대표작 중 하나인 이 작품은 미국에서 처음 출판되자마자 곧바로 베스트셀러가 되었고, 《뉴욕타임즈》 등 미국과 영국의 유수한 언론에서 『대지』 이후 최고의 걸작이라는 찬사를 받았다. 펄벅은 이 작품의 첫머리에서 한국을 "고상한 사람들이 사는 보석 같은 나라"라고 극찬하는 등 소설의 행간 곳곳에서 한국과 한민족에 대한 극진한 애정을 표현하면서 동시에 일제의 잔악성에 대한 강한 분노를 표시하고 있다. 작가는 이 작품의 집필을 위해 1960년, 한국을 방문하였다. 표지에 〈아리랑〉 가사가 한글로 수록되어 있다.

독일군 포로 김 그레고리의 망향가

"나는 고려인입니다."
"I am a Korean."

아라랑

아라랑 아라랑 아라리요
아리랑 띄여라 노다가자

아라랑 타령 정 잘하면
팔십 명 기생을 수청든다

아리랑 아리랑 아라리요
아리랑 띄여라 노다가자

아랑랑 고개 집을 짓고
오는이 가는이 정들어 주지

이라랑 아리랑 아라리요
아리랑 띄여라 노다가자

말은 가자네 굽을 치네
이몸 잡고서 낙루만 한다.

020 아라랑 · 아라릉 SP 음반

제1차 세계대전 시 러시아군에 징집된 한국인 2명을 독일의 언어학자이자 민속학자인 Wilhelm Albert Doegen(1877~1967)가 이들을 인터뷰한 음반 2장이다.

021 제1차 세계대전 당시 독일군 포로가 된 한국인

문경새재아리랑

　백두대간 깊은 곳으로 나무하러 가고, 문경새재 너머 과거시험을 보러 간다. 봇짐, 등짐을 지고 물건을 팔러 간다. 선비가 산수 좋은 곳을 찾아 여행을 간다. 가마를 타기도 하고, 말을 타기도 하고, 걸어서 걸어서 문경새재를 넘는다. 아픔의 역사도 문경새재를 넘어간다. 일본군도 문경새재를 넘었고, 나라를 빼앗긴 울분도 문경새재를 넘었다. 강제 징용으로 일본에 끌려간 이들이 고향을 그리워한다. 조선을 사랑한 사람들, 헐버트·비숍의 책 속에 '문경새재 박달나무'는 왜 이렇게 오롯할까?

　기쁨의 역사도 문경새재를 넘어간다. 광복의 기쁨이 문경새재를 넘었다. 조국 근대화도 문경새재를 넘고, 근대화에 발맞춰 먹고살기 위해 문경의 탄광으로 들어온 광부들도 문경새재를 넘었다. 오른손에 아빠 손을 잡고, 왼손에 엄마 손을 잡은 아이가 문경새재를 아장아장 넘어간다. 오른쪽 어깨에 오른손을 살며시 얹은 연인들이 다정하게 문경새재를 넘는다. 어깨에 배낭가방을 맨 사람들, 모자를 쓴 사람들······. 오늘도, 내일도 문경새재를 넘는다.

　문경새재를 넘어왔던, 넘고 있는, 언젠가 넘을 사람들이 나지막하고도 유장하게 불러본다. 〈문경새재아리랑〉이다. 문경새재는 웬 고개인가? 문경새재도, 아리랑도 우리의 역사와 늘 함께하였다. '아리랑'은 '문경새재'이다. '문경새재아리랑'이다.

문경새재 물박달나무로 만든 생활 용구들

"문경새재 박달나무 홍두깨 방망이로 다나간다."
— 문경새재아리랑 대표 사설

문경새재아리랑

문경새재
아리랑
아리랑
아라리요
문경새재
넘어간다
아리랑
고개로
넘어간다

홍두깨
아리랑
아리랑
아라리요
방망이
손질에
고개로
넘어간다
말아자
놀자좋아

큰홍두깨
아리랑
아리랑
아라리요
기라랑
방망이
에이
고개로
넘어라자
간다요

문경새재
아리랑
아리랑
아라리요
새재
넘어야
굽이야를
갈제
고개로
넘어눕
어라리
간다요

022 THE KOREAN REPOSITORY

외국인 선교사들에게 한국을 알리기 위해 1892년 1월 선교사 F. 올링거 부부가 창간한 잡지이다. 1896년 미국인 선교사 H.B. 헐버트가 이 잡지에 「Korean vocal music」이라는 논문을 실었는데, 마지막 단원에서 〈아리랑〉을 다루었다. 여기에 수록된 〈아리랑〉 악보는 최초의 서양식 채보 아리랑이다. 이 악보와 함께 "약 7823절의 사설이 전해진다."고 소개하며, 후렴과 함께 사설을 실었다. 아울러 "이상과 같이 사설을 영어로 옮겨 보니 조금은 어색한 느낌이 든다. 한국적인 맛과 멋이 없어진 듯하다. 그러나 이 사설에서 한국인의 정서를 알 수 있는 … 인간의 본성은 같다는 것, 비록 외모는 다르지만 같은 감정을 갖고 산다는 것을 알게 될 것이다."라고 〈아리랑〉의 정서를 소개하였다. 그는 〈아리랑〉을 '쌀의 노래'라고 하였다. 이 잡지에 "문경새재 박달나무 홍두깨 방망이로 다나간다."는 〈문경새재아리랑〉 사설이 나온다.

호머 헐버트
(Homer Bezaleel
Hulbert, 1863~1949)

헐버트는 최초로 〈아리랑〉을 서양 악보로 채보하여 세상에 알린 인물이다. 이 악보에 "문경새재 박달나무 홍두깨 방망이로 다나간다."는 〈문경새재아리랑〉 사설이 영문으로 수록되어 있다. 헐버트는 미국인 선교사이자 교육가, 독립운동가이다. 그의 한국명은 '흘법(訖法)' 또는 '할보(轄甫)'이다. 1863년 미국 버몬트(Vermont) 주 뉴헤이븐(New Haven) 시에서 태어나 1886년 육영공원 교사로 한국 땅에 첫발을 내딛었다. 우리나라 최초의 한글교과서인 『ᄉ 민필지』(1889)를 저술하였고, 을사늑약을 저지하고자 미국의 루즈벨트 대통령에게 고종 황제의 친서를 전달하는 특사로 미국을 방문하기도 하였다. 특히 1907년 고종 황제의 특사로 헤이그를 방문하여 이상설, 이준, 이위종을 만나 적극 도왔으며, 헤이그 평화클럽(Peace Club)에서 일본의 부당성을 질타하였다. 1950년 외국인 최초로 건국공로훈장 태극장에 추서되었다.

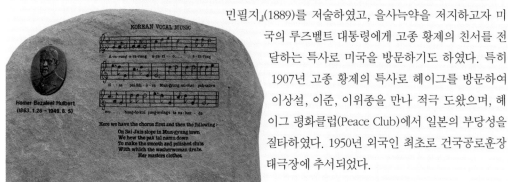

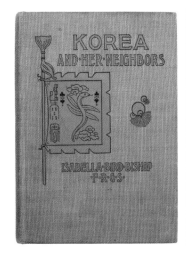
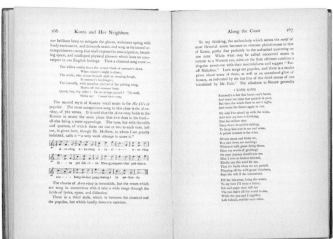

023 KOREA AND HER NEIGHBORS

1897년 영국 여류 여행가 비숍(Isbella. B. Bishop)의 여행기로, 당시 한국사회의 모습을 살펴볼 수 있다. 헐버트의 자료를 인용하여 〈아리랑〉의 악보와 사설을 실었다. 여기에도 "문경새재 박달나무 홍두깨 방망이로 다나간다."는 〈문경새재아리랑〉 사설이 나온다.

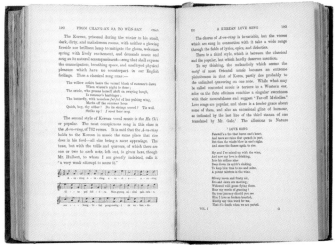

024 KOREA AND HER NEIGHBORS Ⅰ, Ⅱ

1898년 런던에서 발행한 재판본으로, 표지를 '태극문양'과 '조선'으로 디자인하였다.

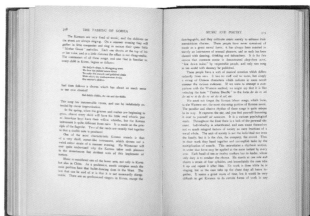

025 The Passing of Korea

H.B. 헐버트가 저술한 영문판 한국 여행기로, 당시 한국사회의 풍속을 살펴볼 수 있다.
이 책은 1909년에 발행된 재판본으로, 한국의 민요를 기술하고 있다.
〈아리랑〉 악보와 문경새재와 박달나무에 관련된 내용이 수록되어 있다.

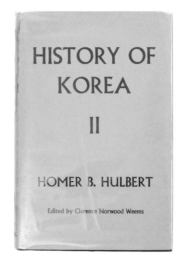
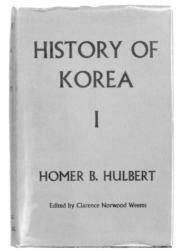

026 HISTORY OF KOREA I, II

1962년에 출간된 H.B. 헐버트의 저서로, 한국의 역사에 대해 다양한
내용을 담고 있다. 민요와 〈아리랑〉 가사도 수록되어 있다.

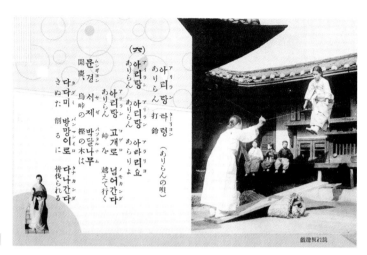

027 엽서

028 엽서
일제강점기 엽서로,
당시의 풍속 그림과 함께
〈문경새재아리랑〉 가사가 담겨 있다.

029 문경새재 아리랑제 팜플렛

2008~2012년 '문경새재아리랑제' 팜플렛이다.

030 다듬이

문경새재 물박달나무로 만든 다듬이이다.

031 다듬이 방망이

문경새재 물박달나무로 만든
다듬이 방망이이다.

032 바디집

황백나무로 만든 베틀 부속품이다.

033 홍두깨
문경새재 물박달나무로 만든 홍두깨이다.

034 북
황백나무로 만든 베틀 부속품이다.

곡식을 빻거나 찧는 데 사용하는 절구와 절구공이

035 절구   036 절구공이

아리랑과 우리의 삶

'아리랑'은 '나'이자 '너'이다. 아리랑은 '우리'라는 큰 덩어리에 존재하는 역사적 실재이자 실체가 없는 이름이다. '아리랑'은 우리의 삶 속에 때로는 노래로 흥얼거렸고, 때로는 이름만 빌려 와서 우리의 일상을 채워 왔다.

아리랑고개를 넘듯이 우린 삶의 고개를 넘어왔다. 삶의 희망과 절망의 고개를 넘어왔다. 삶의 작은 고민으로부터 큰 선택의 순간까지 오르고 넘고 내려가는 고개의 개념은 우리의 인식 깊숙이 자리를 잡고 있었다. '아리랑'은 우리가 의식하든 의식하지 않든 상관없이 어쩌면 항상 우리 옆에서 함께했던 삶과 역사의 연속적 흐름이라 하겠다.

'아리랑'은 노래이자 굴곡의 삶이다. '아리랑'은 재미있는 잡지이고, 담배이고, 성냥이고, 가방이고, 접시이고, 부채이고, 불 꺼진 집의 양초이고, 라디오이다. '아리랑'은 문화이자 우리의 삶 그 자체이다.

아리랑 도안으로 디자인한 담배와 성냥

037 담배 및 담배함

038 담배

아리랑 담배의 상표 도안이 다양하다.

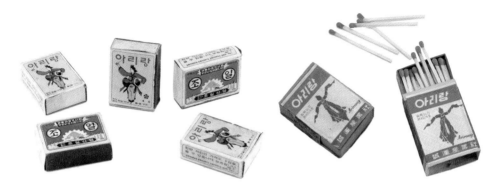

039 소형 성냥

1960년대 성운산업사에서 만든 작은 크기의 성냥이다. 얇게 자른 나무로 만든
성냥을 보관하는 곽으로, 1960년대 아리랑 담배곽의 아리랑 춤사위를 표현하였다.

040 통성냥   **041 통성냥**

042 아리랑 접시
아리랑 마크가 새겨진 접시이다.

043 아리랑 국어노트

044 라디오
1960년대 중반에 나온 아리랑 라디오이다.
휴대용으로 나온 이 라디오는 유명세를 탔으나
금성 'Goldstar' 상표에 밀려 결국 1970년 초에 사라지고 말았다.
라디오 뒷면에는 'ARIRANG LTD, CO'라는 회사명이 새겨져 있다.

045 아리랑 스카프

6·25 전쟁 직후 미군 측이 종전을 기념하기 위하여 1953년에 만든 스카프로, 6·25 전
쟁에 참전한 참전국 대표들에게 기증하였다. 이 스카프에는 우리나라 지도와 함께 참전
국의 국기와 부대 마크 등이 인쇄되어 있다. 왼쪽에 〈아리랑〉 악보와 가사가 'ARIRANG
SONG'이라는 제목으로 실려 있다.

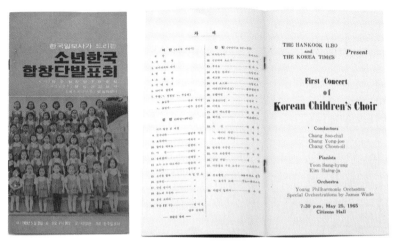

046 소년한국합창단 발표회 팜플렛

1956년 당시 소년한국합창단 발표회 팜플렛으로, 27번째에 〈아리랑〉을 불렀다.

047 아리랑 학생 가방

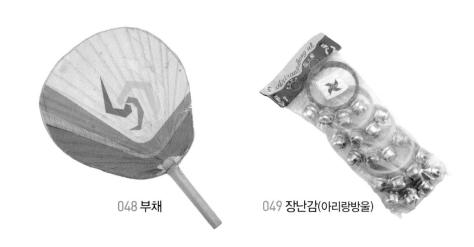

048 부채

049 장난감(아리랑방울)

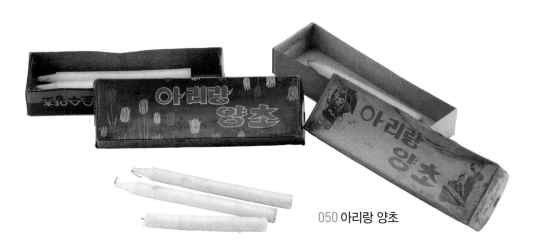

050 아리랑 양초

051 아리랑 엽서

일제강점기 엽서로, 당시의 풍속 그림과 〈아리랑〉 가사가 수록되어 있다.

052 아리랑 엽서

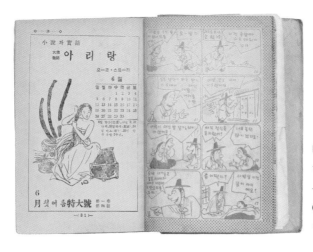

053 아리랑 잡지 6월호(1955년)
만화, 광고 등 오늘날 잡지와
유사한 형태인《아리랑》잡지
6월호로, 특히 노산 이은상의
〈새아리랑〉 내용이 실려 있다.

054 아리랑 잡지 8월호(1955년)

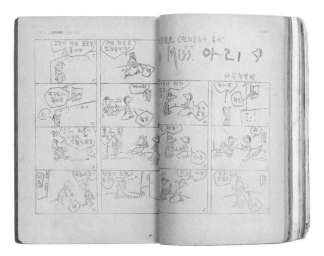

055 아리랑 잡지 통권 95호(1962년)

056 아리랑 잡지 통권 256호(1976년)

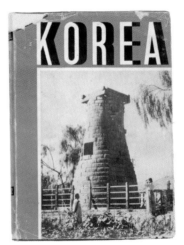

057 KOREA 잡지

6·25 전쟁 이후 한국의 모습을 알리기 위해 1954년 한국국제보도연맹에서
발행한 영문 화보집이다. 〈아리랑〉, 〈도라지타령〉이 악보와 함께 영어로
소개되었다.

058 KOREAN FOLK SONGS

1954년 국민음악연구회에서 펴낸 책이다. 이강염 편저의 이 노래책에는 우리나라 대표적인 민요 16곡을 해설과 함께 영문으로 실었으며 〈아리랑〉, 〈밀양아리랑〉이 실려 있다. '국민음악연구회'는 1950년대 당시 대표적인 음악출판사로, 우리 민요 보급을 위해 많은 노력을 하였다.

059 우리민요 시화곡집

1961년 윤석중이 노랫말을 쓰고, 손대업이 편곡한 민요집이다.

060 아리랑 잡지

1982년 중국 연변 조선족 문예지이다. 1953년 연변문학예술계연합회가 창립되어 《연변문예》 창간 후 민족문화를 고취하기 위해 1956년 제호를 '아리랑'으로 바꾸었다. 그러나 1957년 반우파 투쟁으로 제호를 다시 '연변'으로 바꾸었다. 이 책은 민족문화전통을 계승한다는 의미로 1982년 연변문화예술계연합회에서 발행하고, 민족출판사에서 펴냈다. 창간호에는 허광일의 〈아리랑 아리랑 나의 아리랑〉 등의 시가 실려 있다.

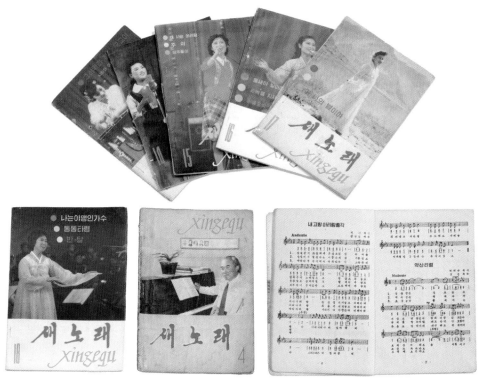

061 새노래

1986년 중국 연변인민출판사 편집부에서 발행한 노래책이다.

062 만화 아리랑　2003년에 출간된 이상세의 만화 〈아리랑〉이다. 일제강점기를 배경으로
하고 있다.

063 **아리랑 비디오 테이프**

064 문어진 아리랑 SP 음반

065 아리랑 SP 음반

066 신아리랑 SP 음반

067 강원도아리랑 SP 음반

068 진도아리랑 SP 음반

069 강원도아리랑, 밀양아리랑 SP 음반

070 아리랑, 밀양아리랑 SP 음반

071 아리랑의 노래 SP음반

072 할미꽃 아리랑 SP 음반

073 흘러간 아리랑 SP 음반

074 아리랑 SP 음반

075 아리랑 술집 SP 음반

076 아리랑 타령 SP 음반

077 정선아리랑 SP 음반

1950년대 도미노레코드에서 만든 SP 음반으로, 김옥심이 부른 〈정선아리랑〉이 실려 있다.

078 유성기

079 SOUNDS OF KOREA 소노시트 음반

1950년대 후반, 유엔군들을 위해 만든 소노시트 음반이다. 책 가운데 구멍이 나 있고, 책 사이사이에 4장의 비닐 음반이 붙어 있다. 음반은 책에서 분리해 듣도록 되어 있는 것이 아니라 책을 접어 음반 면을 그대로 데크에 얹어 놓으면 돌아가면서 소리를 낸다. 음반이 붙은 이 책 속에는 민요 〈아리랑〉과 〈애국가〉를 비롯해 유엔군이 한국을 떠나서도 한국의 정서를 오랫동안 기억하도록 한국에서 귀익은 헬리콥터, 탱크, 경비견 소리, 한국음악 등이 네 장의 비닐 음반에 해설과 함께 수록되어 있다. 책 속에는 우리나라 여인의 모습과 〈아리랑〉 악보가 실려 있기도 하다. 〈아리랑〉과 이 책에 수록된 모든 소리의 채집과 사진은 켄노일에 의해 이뤄진 것이다. 일본 도쿄에 있는 Asian Film Incroporated Production에서 만들었다.

080 농어촌 잡지 EP 음반

081 애국가 아리랑 EP 음반

082 アリラン EP 음반

1950년대 콜롬비아레코드(일본)에서 발매한 7인
치 EP 음반이다. 여기에 실린 〈아리랑〉 음반은
45rpm으로, 6·25 전쟁에 참전했던 유엔군에게
한정판으로 제작 판매하였다. 〈아리랑〉과 〈도라
지꽃〉 등이 수록되어 있다.

083 アリラン EP 음반

1960년대 일본 콜롬비아레코드에서 제작한 7인치 EP 음반이다. 1951년 한국과 일본의 수교를 위한 조약 교섭이 시작되어 1965년 조인, 발효된 한·일 기본 조약에 의해 한·일 양국은 국교를 맺고 정상적인 외교 관계를 수립하였다. 국교 수립 직전 1960년대 들어서면서 일본 연예계에 한국 가수들의 진출이 시작되었다. 1960년 패티김은 한국 최초로 일본에 초청된 가수의 자격으로 일본의 공영방송인 NHK에 출연하였고, 이듬해 〈아리랑〉과 〈도라지〉를 콜롬비아레코드에서 EP 음반으로 취입했다. 이 음반에서 패티김이 부른 〈아리랑〉은 레이몬드 하토리가 작사하고 편곡한 후 일본의 요네카와 도시코의 고토 반주에 맞춰 부른 것이다. 이 음반은 일본인들이 〈아리랑〉을 대중적으로 받아들이는 데 큰 영향을 주었다. 특히 패티김의 EP 음반 취입은 1965년 한·일 수교 이후 한국 가수들이 일본에서 음반을 취입하는 데 큰 영향을 주었다.

084 アリラン, トラジ EP 음반

〈아리랑〉과 〈도라지〉 EP 음반이다.

085 한국민요특집 제1집 LP 음반

086 한국민요특집 제1집 LP 음반

087 한국민요특집 제2집 LP 음반

088 한국고전무용곡집 LP 음반

089 한국민요특집 제3집 LP 음반

090 한국민요특집 제5집 LP 음반

1960년대 킹스타레코드에서 직접 녹음 제작한
10인치 LP 음반이다. 이은주 · 김옥심 명창이 부른
8곡의 민요가 수록되어 있으며, 〈강원도아리랑〉
등이 포함되어 있다.

091 폴모리아 한국 공연 특집 LP 음반

092 폴모리아 베스트 컬렉션(3) LP 음반

093 The Little Angels LP 음반

094 김세레나 힛트 앨범 NO.2

095 Korean Folk Song Vol.1 LP 음반

096 KOREAN FOLK SONGS LP 음반

097 흘러간 노래 앨범 아리랑랑랑(娘娘) LP 음반

098 아리랑랑랑(娘娘) LP 음반

099 정선아리랑 LP 음반

100 홀로아리랑 아버지의 노래 LP 음반

101 민족의 노래 아리랑 LP 음반

102 하춘화 민요 스테레오 제2집 LP 음반

103 한국고전민요 제3집 LP 음반

104 한국고전무용곡 제1집 LP 음반

105 고전민요 제1집 LP 음반

106 고전민요 제2집 LP 음반

107 한국민요 제1집 LP 음반

108 한국민요 제3집 LP 음반

109 한국민요악곡 민요삼천리 LP 음반

문경의 **출토 복식**

출토 복식이란 무엇인가?

국토 개발이나 문중에서 조상의 묘를 이장하는 과정 중 관 안에서 많은 옷이 발견된다. 이를 현대에서 '출토 복식' 또는 '출토 유물'이라 이름 짓고, 소중한 자산으로 보존하고 있다. 유물은 대부분 조선 시대의 묘에서 발견되고 있다.

관 속에 옷이 많은 이유는 무엇일까?

조선 시대에는 시신을 매장하는 장례 방식을 따랐다. 매장법은 중국으로부터 들여온 주자朱子의 『가례家禮』에 근거한 것으로, 시신이 썩는 것이 애처롭기 때문에, 또는 시신의 흉한 모습이 후손들에게 보이는 것을 꺼리기 때문에 많이 입히는 것이라 하였다. 이렇게 사용되는 옷들은 '수의 → 소렴 → 대렴 → 보공' 순으로 관을 가득 채워 주었다.

수백 년 동안 부패되지 않은 이유는 무엇일까?

조선 시대의 무덤은 완성되기까지 여러 단계의 작업을 거친다. 두터운 회곽灰槨에 이중 관을 사용하고 숯가루, 옻칠 등을 더하여 관 내부에 공기 유입이 어려운 상태이다. 이러한 환경이 완벽할수록 완형의 유물로 남아 있을 수 있다.

문경 평산 신씨 묘 출토 복식(중요민속문화재 제254호)

2004년 3월 12일, 문경시 산양면 연소리 소재 분묘를 이장移葬하는 과정에서 미라와 함께 출토 복식이 발굴되었다. 미라의 주인공은 평산 신씨로 여성이었으며, 분묘의 연대는 16C 후반으로 추정되었다. 이장한 까닭은 미라의 주인공인 평산 신씨를 남편인 황지黃贄(장수 황씨)의 묘에 합장하기 위함이었다. 그런데 여기서 한 가지 주목할 사실은 안동 김씨 집안이 이장을 주도하였다는 점이다. 평산 신씨와 장수 황씨는 혼인으로 맺어진 관계지만, 안동 김씨 집안은 어떤 사연이 있었기에 평산 신씨의 묘를 남편 황지의 묘로 이장하고 있었을까?

미라의 주인공은 평산 신씨 18세 세보世寶의 딸로, 장수 황씨 10세 지贄와 혼인하였다. 슬하에 아들 정현廷顯과 딸을 두었는데, 아들 정현은 후사가 없었고 딸은 안동 김씨 14세 사득士得과 혼인하였다. 김사득은 미라의 주인공인 평산 신씨의 사위이다. 정현이 후사가 없고 일찍 죽어 제사를 모실 적장자가 없는 상황에서 황지와 평산 신씨를 둘러싼 외손봉사가 이루어졌다. 16C만 하더라도 여성에 대한 재산 상속과 함께 외손봉사가 이루어졌다. 이때부터 시작된 안동 김씨의 외손봉사는 400여 년이 지난 지금도 유지되고 있다.

평산 신씨 미라는 남편인 황지와 합장을 하여 400여 년 만에 남편 곁으로 돌아갔다. 이후 평산 신씨 묘를 발굴하기 시작하여 습의, 염의, 염습구, 치관제구 등 총 70여 점의 유물을 수습하였다. 유물의 종류는 바지·적삼·저고리·치마·단령·장옷·소모자 등 복식류와 악수·낭·소렴금·대렴금·종교·횡교 등의 염습구·현훈·명정·삽 등의 치관제구이다. 수습된 유물 중에 금선단으로 만든 치마와 금선단으로 장식한 당저고리가 출토되어 세간의 주목을 받았다. 특히 금선단 치마의 경우, 현재까지 출토된 금선단 치마와는 달리 치마의 소재 전체가 금선단이며, 이와 같은 사례는 처음이었다.

[장수 황씨 가계도]

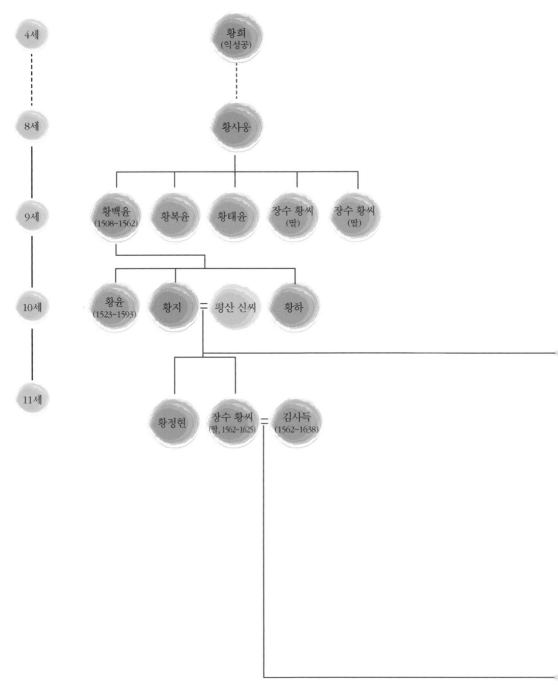

4세 — 황희 (익성공)

8세 — 황사웅

9세 — 황백윤 (1508~1562) · 황복윤 · 황태윤 · 장수 황씨 (딸) · 장수 황씨 (딸)

10세 — 황윤 (1523~1593) · 황지 = 평산 신씨 · 황하

11세 — 황정헌 · 장수 황씨 (딸, 1562~1625) = 김사득 (1562~1638)

[평산 신씨 가계도]

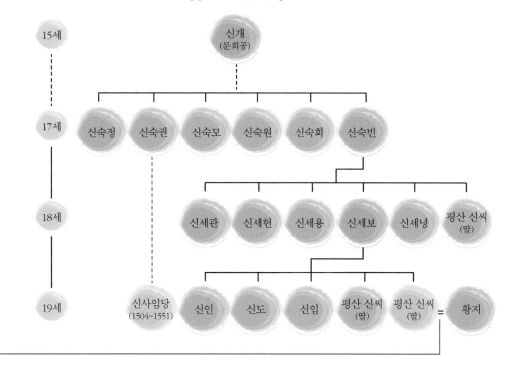

15세	신개 (문희공)
17세	신숙정　신숙권　신숙모　신숙원　신숙회　신숙빈
18세	신세관　신세헌　신세용　신세보　신세녕　평산 신씨 (딸)
19세	신사임당 (1504~1551)　신인　신도　신임　평산 신씨 (딸)　평산 신씨 (딸) = 황지

[안동 김씨 가계도]

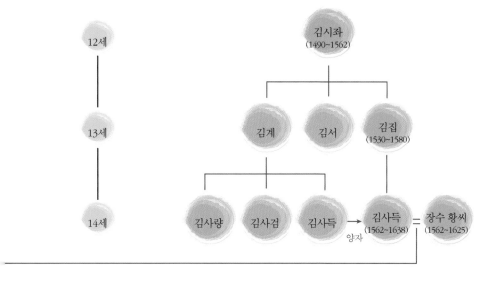

12세	김시좌 (1490~1562)
13세	김계　김서　김집 (1530~1580)
14세	김사량　김사겸　김사득 → 김사득 (1562~1638) = 장수 황씨 (1562~1625)

양자

110 단령 · 단령대(습의)

둥근 깃 모양의 이 홑단령은 뒷길이가 앞길이보다 긴 전단 후장형이며, 제비부리형 고름을 달고 있다.

좌우 품이 넓으며, 흉배는 없고 달았던 흔적도 없다.

색상은 전체적으로 쪽빛이며 얼룩져 있고, 누런빛으로 변한 부분이 있다.

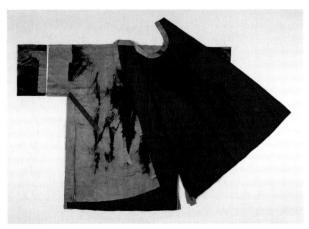

111 당저고리(습의)

외형적인 특징으로 볼 때 장저고리의 유형에 포함되지만, 장저고리보다 장식성이 강하다.
길과 소매는 주(紬), 깃 · 무 · 겉섶 · 안섶 · 도련 밑단은 금선단(金線緞)으로 장식되어 있다.
금선단은 화문(花紋)인데, 안섶의 금사 부분은 거의 소실되었다. 목판깃이다.

112 장저고리(습의)

전체 문단(紋緞)으로 만들었으며,
별다른 장식이 없고 소매 수구 부분은 주(紬)를 사용하였다.
깃은 겉과 안 모두 내어 달린 목판깃이다.

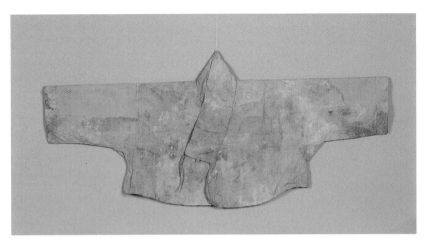

113 홑적삼(습의)

목판깃이며, 겉깃머리의 중앙에 잘려진 고름의 흔적이 남아 있다.

114 홑바지(습의)

밑이 막혀 있는 합당고(合襠袴) 형태의 바지이며, 왼쪽 여밈을 하고 있다.

115 홑치마(습의)

지금까지 출토된 전례가 없는 전체 금선단 치마이다.
조선 시대의 출토된 치마 가운데
밑단과 중간 부분을 금선단으로 장식한 사례는 있으나
이처럼 전체에 금선단을 사용한 사례는 없었다.
앞쪽 양옆에 다트를 잡아 놓았으며, 예장용(禮裝用) 치마이다.

116 홑장옷(습의)

고운 모시로 제작된 홑장옷이다. 양 깃 모두 길 방향으로 들어 달린 목판깃이며,
화장은 길과 연결된 부분만 조금 남아 있어 정확한 치수는 알 수 없다.

117 솜장옷(염의)

솜을 둔 장옷이다. 수구 부분이 소실되어 화장의 전체 길이는 알 수 없다.
겉자락에만 고름이 달려 있으며, 안깃과 겉깃의 형태가 같은 들어 달린 목판깃이다.
솜은 목화솜으로, 일부만 남아 있다.

118 솜장옷(염의)

출토 당시 비교적 상태가 양호한 장옷이다.
겉과 안 모두 면포이며, 안에 솜을 두텁게 넣었다.
여러 부분이 기워져 있는데,
처음 제작할 때가 아니라 착용하면서 헤어진 부분을 기운 것으로 보인다.

119 솜치마(염의)

밑단 접음형 솜치마이다.
솜을 두툼하게 넣었고,
왼쪽 방향으로 26개의
주름을 잡았다.

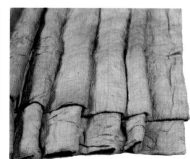

120 회장저고리(염의)

뒷길이와 화장이 짧고 품이 크다는 점에서 단저고리의 일반적 특성을 가지고 있다.
깃, 끝동, 삼각 무, 사각 무 모두 화문단을 사용하였다.

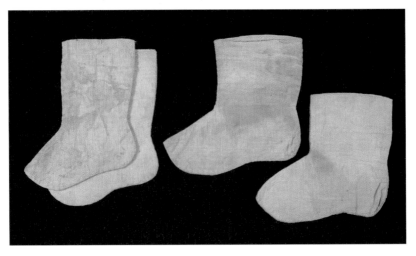

121 버선(보공) 좌우 형태가 비대칭이며, 안감에 여러 번 기운 흔적이 있다.

122 습신(염습제구)
버선과 함께 신고 있던 습신이다.

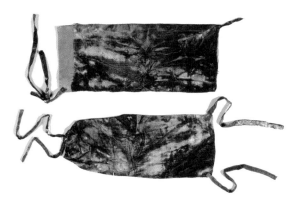

123 악수(염습제구)
악수(幄手)는 시신을 습할 때 손을 싸는 용도로 사용된다.
끈을 달아 손바닥과 손등을 싸서 끈을 둘러 묶는다.

124 좌수 · 우수(염습제구)
낭과 함께 시신의 손톱을 넣은 것으로 보인다.
깎은 손톱을 싼 것으로 보이는 종이 위에
'좌수'와 '우수'를 적어 놓았다.

125 낭(염습제구)
낭(囊)은 시신의 머리카락, 손톱, 치아 등을
넣는 용도로 사용된다.
평산 신씨 낭에는 치아가 들어 있었다.

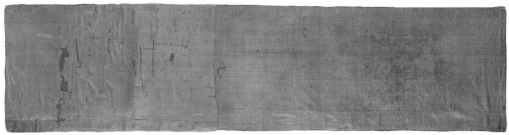

126 지요(염습제구)

관 안에 까는 요로, 위는 넓고 아래는 좁은 일반적인 지요의 형태이다.

127 종교 · 횡교

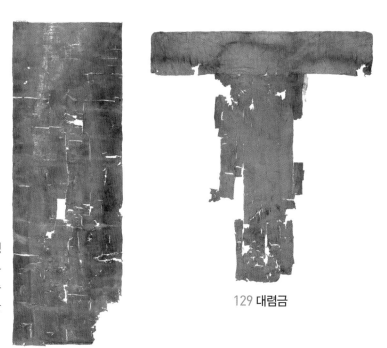

128 명정
죽은 이의 신분과 성씨를 적어 누구의 관인지 알 수 있도록 하였다. "의인평산ㅇ씨ㅇ구(宜人平山ㅇ氏ㅇ柩)"라는 글씨가 보인다.

129 대렴금

130 현훈

현훈(玄纁)은 장례 시 산신(山神)께 드리는 폐백(幣帛)으로,
붉은 천과 검은 천을 광중(壙中)에 묻는 것이다.
평산 신씨 묘에서 전체 11장의 현훈을 수습하였다.

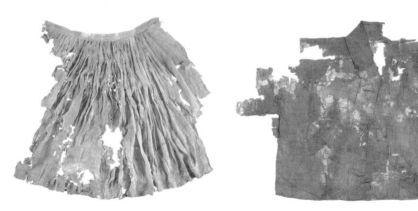

131 홑치마　　　　　　　　132 홑적삼

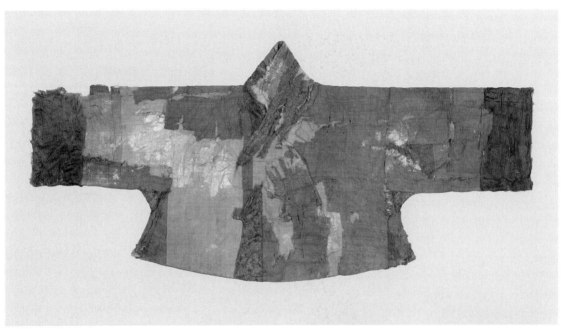

133 회장저고리
솜을 둔 저고리로, 깃의 일부 · 섶 · 끝동 · 무에
금선단(金線緞)을 사용한 회장저고리이다.

134 당저고리

겉깃과 안깃의 절반이 잘
려졌으며, 앞길의 좌우는
심하게 파손되었다. 깃의
형태는 안과 겉 모두 내어
달린 목판깃이다.

135 누비저고리

접혀 있던 채로 수습되어 보공용으로 추측된다.
평산 신씨 출토 저고리 가운데
유일한 칼깃저고리이다.

문경 최진 일가 묘 출토 복식(중요민속문화재 제259호)

2006년 9월 16일 전주 최씨 문중이 문경시 영순면 의곡리 도연마을 뒷산에 있는 묘를 이장하는 과정에서 미라와 출토 복식이 발굴되었다. 그날 이장한 묘는 3기였다. 묘의 주인은 최진과 그의 부인, 그리고 신원 미상의 전주 최씨 문중의 남자였다. 최진 묘의 좌측에서 미라가 나왔는데, 미라의 주인공은 개성 고씨로, 최진의 부인이었다. 전주 최씨 세보와 개성 고씨 족보를 확인한 결과 16C의 인물로 추정된다.

묘 이장지에서 미라를 확인하고 유물 23점을 1차적으로 수습하였고, 의곡리 도연마을 뒷산에 아직 유물이 남아 있다는 사실을 확인하고 2차 발굴을 통하여 유물을 수습하였다. 수습된 유물의 수량은 최진 묘 26점, 미라의 주인공인 최진 부인 묘 34점, 신원 미상의 전주 최씨 남자 묘 5점으로 총 65점이다.

유물의 종류는 남자 복식으로 소모자·중치막·액주름·칼깃저고리·개당고·합당고·행전·버선 등이고, 여자 복식으로 족두리형 여모·장옷·목판깃저고리·치마·개당고·합당고·버선·짚신 등이다. 이외에도 염습구, 치관제구가 있다. 특히 족두리형 여모와 중치막은 처음 확인된 16C 유물이라는 점에서 큰 의미가 있다.

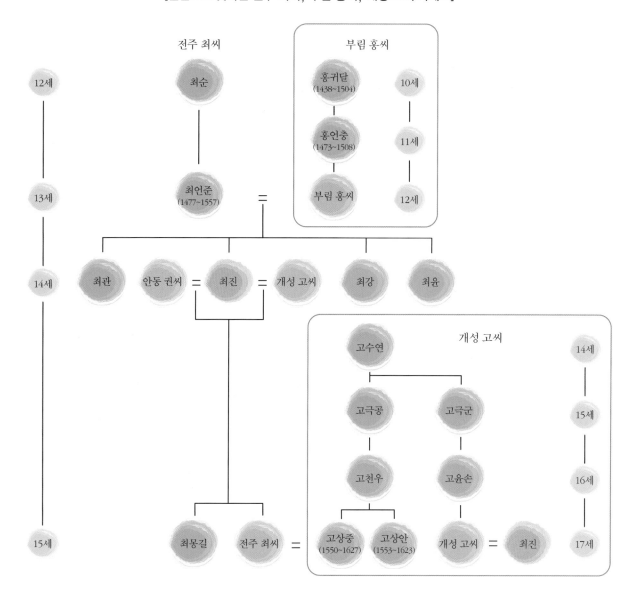

[혼반으로 맺어진 전주 최씨, 부림 홍씨, 개성 고씨 가계도]

전주 최씨

부림 홍씨

12세 / 최순 / 홍귀달 (1438~1504) / 10세

13세 / 최언준 (1477~1557) / 홍언충 (1473~1508) / 11세

부림 홍씨 / 12세

14세 / 최관 / 안동 권씨 = 최진 = 개성 고씨 / 최강 / 최윤

개성 고씨

고수연 / 14세

고극공 / 고극군 / 15세

고천우 / 고윤손 / 16세

15세 / 최몽길 / 전주 최씨 = 고상중 (1550~1627) / 고상안 (1553~1623) / 개성 고씨 = 최진 / 17세

136 액주름(대소렴 · 보공용)

액주름은 남성이 바지, 저고리 위에 입는 일상복이다. 겨드랑이 아랫부분에 잡은 주름이 특징이며,
입었을 때 허벅지 정도 오는 길이의 옷이다. 지금까지의 액주름은 모두 겨드랑이에 사다리꼴 조각이 달려 있었다.
사다리꼴 무 아래에 주름 잡은 옆 조각이 길과 연결되었다. 그러나 최진 묘의 액주름은 겨드랑이 아래에
사다리꼴 무가 없는 것이 특징이다. 사다리꼴 무 없이 길의 겨드랑이 부분을 수평으로 가른 후
그 사이에 주름을 잡은 조각을 직접 연결하여 길과 소매의 연결선이 밖으로 나가 달려 있다.
지금까지 발표된 액주름 유물 중에 유일한 사례이다.

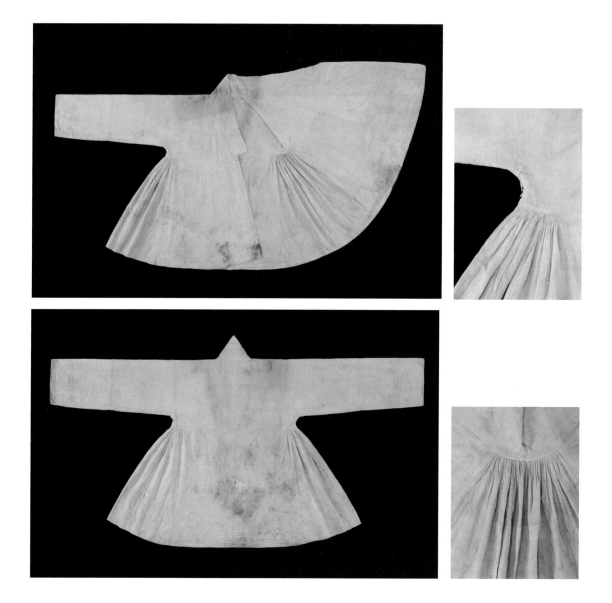

137 개당고(습의)

뒤에서 허리를 여미게 되어
있으며, 바지 밑 좌우에
같은 형태의 사다리꼴 바대가
부착된 것이 특징이다.

138 합당고(습의)
앞뒤 중심을 향한 외주름이
너비 5~8cm로 12개가 있다.

139 합당고(습의)

앞뒤 중심을 향한 외주름이
4.5~9㎝로 12개가 있다.

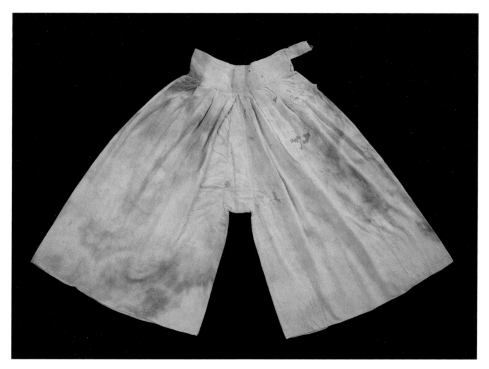

140 합당고(습의)
중심은 맞주름이며, 나머지 왼쪽을 향한 외주름이 4~8㎝ 너비로 11개가 있다.

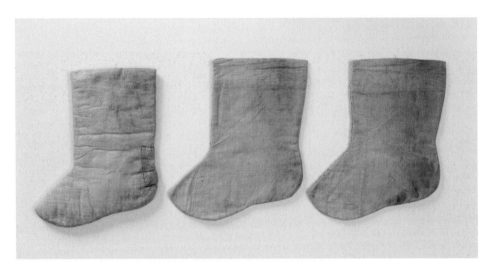

141 버선(습의)

142 버선(습의)

1쌍이 함께 직경 3㎝ 원형의 덧천을 대고 징그는
진솔 방법으로, 아직 한 번도 신지 않은
새 버선이라는 의미이다.

143 습신(습용)

한 짝만이 수습되었으며, 신울과 신바닥의 겉감과 안감 사이에 한지가 들어 있다.
신발의 도리(道里) 부분 없이 푸서 상태로 남아 있다.

144 행전(습의)

종아리를 묶는 말기와 끈, 종아리를 감싸는 원통형, 발목을 감싸는 제비부리형,
발을 끼우는 발고리로 구성되어 있다.
그러나 이 유물은 끈과 발고리가 잘려나가고 없는 상태이다.

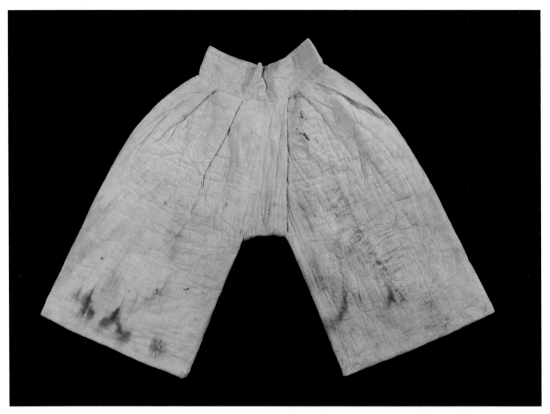

145 개당고(대소렴 · 보공용)

바짓가랑이 안쪽에 사다리꼴 무와 삼각 무가 부착되어
있는 것이 특징이다. 상부를 허리 주름 잡은 후
앞면은 좌우 중심부를 겹쳐서 허리 말기에 부착하고
뒤는 트여 있어 뒤에서 여미게 되어 있다.

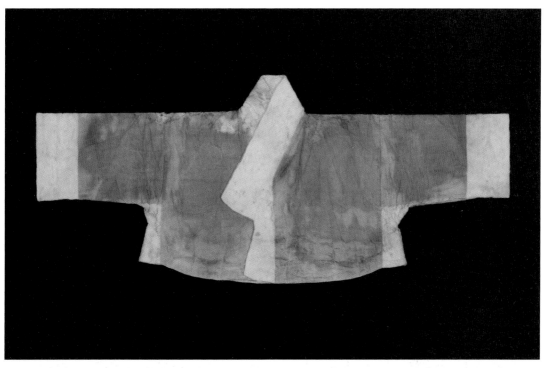

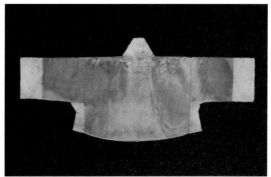

146 저고리(대소렴 · 보공용, 수례지의)

목판깃 면포 솜저고리는 여자의 것으로 짐작되므로
수례지의(襚禮之衣)의 하나로 볼 수 있다.

147 저고리(대소렴 · 보공용)

겉깃은 칼깃이며, 안깃은 들여 달린 목판깃이다.

남성의 활동을 배려하여 저고리 양옆에 짧은 트임이 있는 경우가 많은데,

이 저고리는 옆선에 무를 부착함으로써 밑 도련 너비가 품보다 약 20㎝ 가량 넓게 퍼져

활동하는 데 편리하도록 하였다.

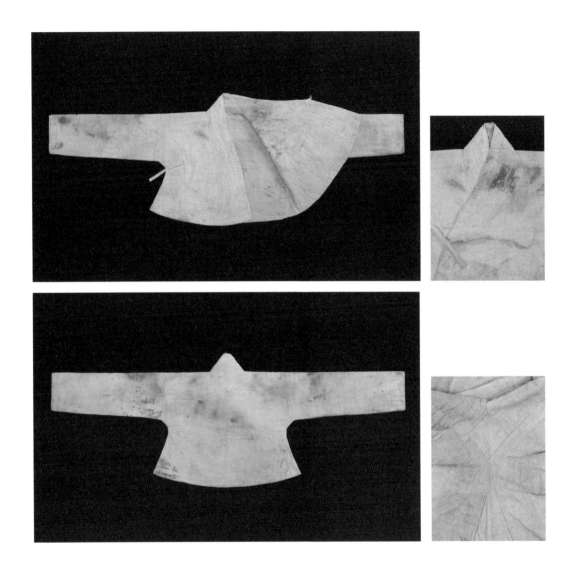

148 삽(치관제구)

내관과 외곽 사이에 끼워 두는 것으로, 4점 중 3점이 수습되었다.

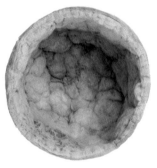

149 소모자(대소렴 · 보공용)

소모자는 여섯 조각의 삼각형이 연결되어 만들어졌다.
모자 속은 안감이 없어 솜이 그대로 드러나 있다.

150 이불

대렴 또는 소렴에 사용된 것으로 추정되며,
이불의 기본 구성인 동정이나 깃 없이 길 하나로 구성되어 있다.

151 부채

수습될 당시 휘어져 있었으며,
한지에는 부채 살 몇 개만
붙어 있었고, 일부는
부러진 상태로 남아 있었다.

152 직령 조각

모시로 만든 홑직령(直領) 조각이다. 겉섶과 소매, 등판의 일부만 남아 있다.

이 중 칼깃의 일부분과 대소 안팎 주름 무의 흔적이 확인된다.

철릭 조각과 함께 무덤의 시대와 당시 복식의 종류를 확인할 수 있는 중요한 자료이다.

153 철릭 조각

면주로 만든 철릭의 치마(주름) 일부분이다.
완형의 철릭은 출토되지 않았지만
이 유물로 철릭의 착용을 확인할 수 있다.

154 한지

155 중치막(수례지의)

중치막은 곧은 깃에 옆트임이 있고, 소매가 넓은 세 자락의 포이다.

조선 후기 남자의 묘에서 가장 많이 출토되는 유물로, 16C 중치막은 기록으로만 남아 있었다.

16C 유물로는 처음 확인되는 중치막이다.

칼깃이며, 부인의 관에 남성의 옷을 넣어 주는 수례지의(襚禮之衣)로 사용한 듯하다.

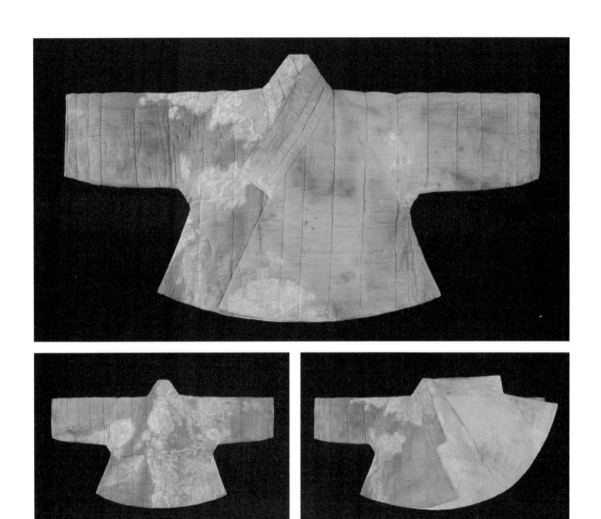

156 저고리(습의)

솜 누비저고리로 목판깃이다.

소매는 완만한 일자형이며, 소매 끝에서 약간 굴려진다.

157 합당고(습의)

158 합당고(습의)

157~158 합당고(습의)　합당고는 면포로 만든 홑바지이다.
개당고(開襠袴)에 비해 넓은 바짓부리, 사다리꼴 밑바대 1개, 옆트인 허리 말기,
옆트임 사이의 작은 삼각 무, 말기 안에 끼운 허리끈 등이 특징이다.

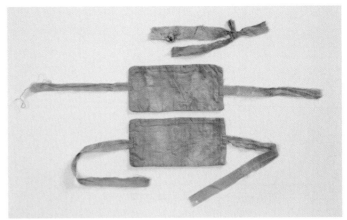

159 멱목(습용)

시신의 얼굴을 덮는 용도로
사용하였다. 겹으로 되어 있다.

160 악수(습용) 시신의 손을 싸는 용도로 사용되었다.

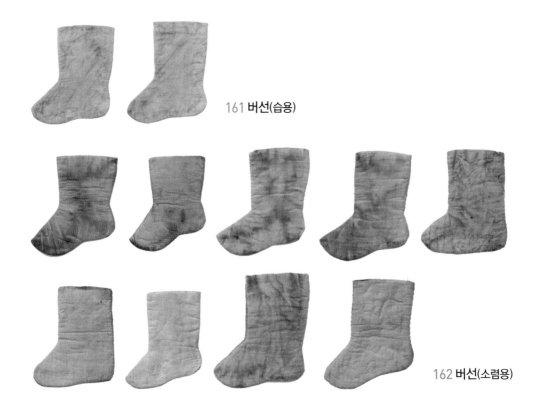

161 버선(습용)

162 버선(소렴용)

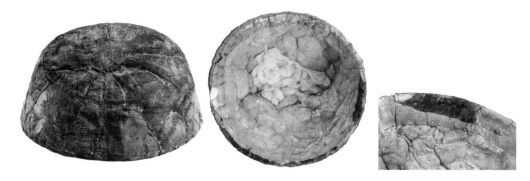

163 여모(습용)

16C 유물로는 처음 확인되는 족두리형 여모(女帽)이다.

기본형은 삼각형 7조각과 정수리의 원형 1조각으로 구성되어 있다.

뒤보다 앞의 높이가 낮아서 동시대의 남녀용 소모자(小帽子)와는 달리 앞으로 숙여진 형태이다.

164 짚신(습용)

시신에 신겨져 있던 습신이다.

165 장옷(소렴용)

장옷은 '장의(長衣)'라고도 하며, 조선 중기에는 두루마기처럼 착용하였던 겉옷이다.
목판깃, 사각 접음 무 등의 기본 구성 외에 소매 끝을 걷어 올린 거들치형 소매 형태의 옷이다.
이 장옷은 소렴금을 대신하여 사용되었던 것으로, 출토 당시 종교와 횡교가 붙어 있었다.

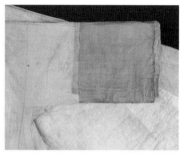

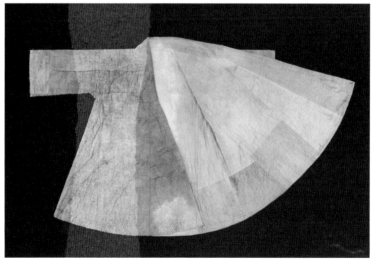

166 장옷(소렴용)

아청색이 옷감 전체에 남아 있으며, 안감은 여러 가지 옷감을 쪽 이어 사용하였다.
겉깃과 안깃 모두 들여 달린 목판깃이다.

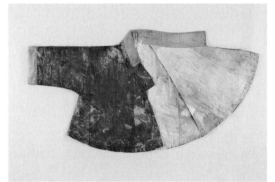

167 저고리(소렴용)

두텁게 솜을 두어 만든 아청색 솜저고리이다.
왼쪽 소매 안쪽 앞면에 '남주(南主)'라고 쓰여진 명문이 있는데,
정확한 의미는 알 수 없다.

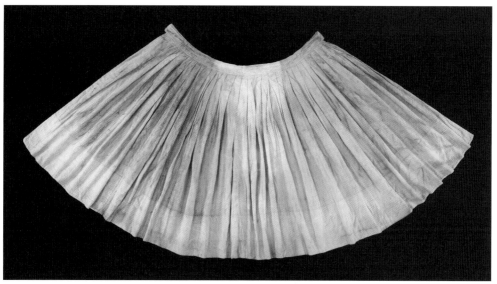

168 치마(소렴용)

최진의 부인(개성 고씨) 묘에서 출토된
유일한 치마이다. 치마 곳곳에
아청색이 묻어 있고,
치마 중간에 흰 고형물이 묻어 있다.

169 베개(대렴용)

원통형에 솜을 채운 것으로,
지금의 베개와 유사한 형태이다.

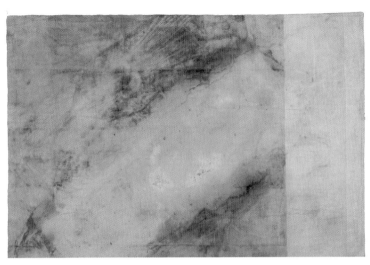

170 이불(대렴용)

겉감에 아청색이 남아 있는 면포 솜이불이다.
겉감의 길에 대각선으로 시신이 놓여 있던 흔적이 남아 있는 것으로 보아 대렴금(大斂衾)으로 추정된다.

171 지요(대렴용)

지요(地褥)는 내관 바닥에 까는 것으로, 곳곳에 작은 오염이 남아 있다.

172 개당고

최진 부인(개성 고씨) 묘에서 개당고는 1점이 출토되었다.
트인 바짓가랑이 좌우에 삼각 바대가 달렸고, 허리는 수평으로 트여 있다.
허리끈은 남아 있지 않다.

173 합당고

옷감을 덧대어 기워 놓은 곳이 많으며, 뒤집어진 상태로 출토되었다.

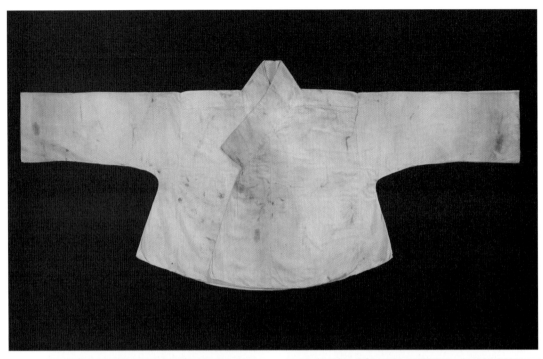

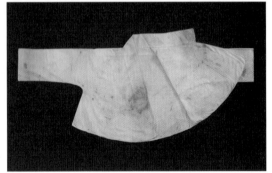

174 적삼

면포로 만든 홑적삼으로, 목판깃이다.

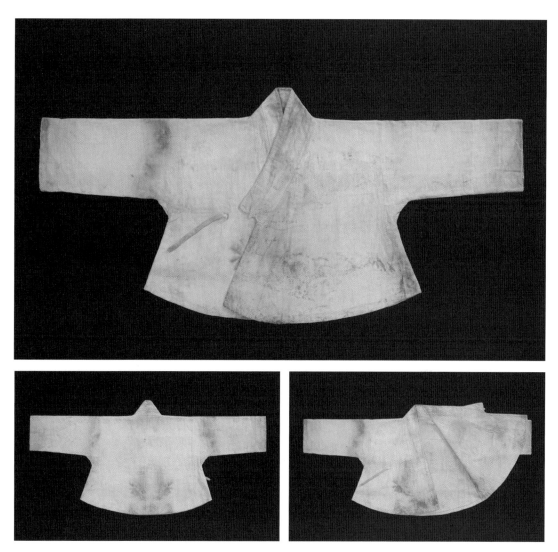

175 저고리

곳곳에 옅은 아청색 얼룩이 남아 있으며, 누렇게 변색된 부분이 있다. 목판깃이다.

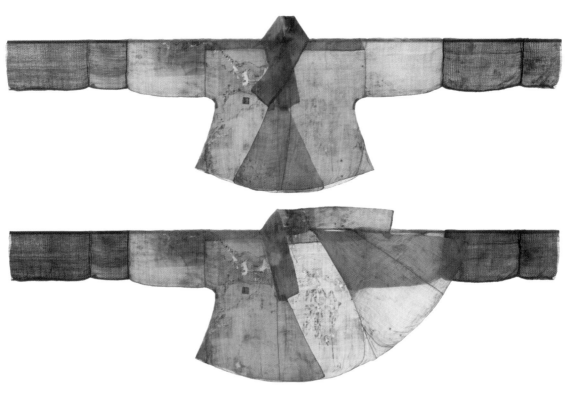

176 한삼

일반 저고리보다 긴 소매와 품보다 넓은 도련이 특징이다.
완형의 모시 홑저고리 소매 끝에 면주 1.5폭 반을 성글게 홈질하여 임의로 이어 붙인 것으로,
수의용으로 만든 듯하다.

177 현훈 관 크기만큼 접어서 놓았는데, 1장만 수습되어 현훈을 구별할 수 없는 상태이다.

178 면사끈과 종형 장식

용도를 단정하기는 어려우나 현훈을 묶었던 실끈으로 추정된다.
면사로 만든 종 모양의 장식이 함께 있어 흥미롭다.

179 삽

내관과 외관 사이에서 발견된
삽(翣)으로, 1개만 수습되었다.

■ 신원 미상의 전주 최씨 남자 묘

180 초석(대렴용) 가장자리에 두른 회장(回裝)의 흔적은 보이지 않으며, 한쪽은 올이 풀린 상태이다.

181 훈 옷감 너비 방향으로 접어서 명정(銘旌) 위에 놓여 있었다.

182 현 명정(銘旌) 위에 놓여 있었으며, 남은 색상의 기운으로 보아 현(玄으)로 추정된다.

183 명정

죽은 이의 신분과 성씨를 적어 누구의 관인지 알 수 있도록 하는데,
이 명정(銘旌)에는 생략되어 있다. 한쪽 끝 모서리에 도장이 찍혀져 있지만
일부분만 남아서 그 내용을 확인할 수 없는 상태이다.

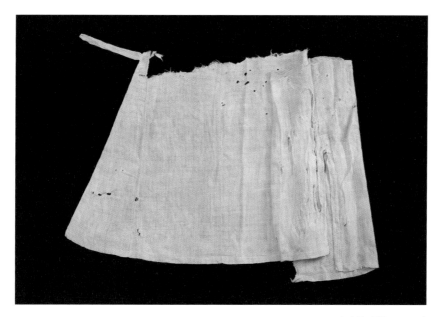

184 전단후장형 포 조각

거친 모시로 제작한 포의 일부이다. 무의 형태로 보아 대형 밖주름형으로 추정되며,
앞길이 뒷길보다 짧은 전단후장(前短後長)의 특징을 보인다.
트임 부분에 매듭단추 장식이 있다.

진성이낭 묘 眞城李娘墓 출토 복식

2010년 4월 18일 문경 홍덕동 국군체육부대 영외 아파트 건립 공사 중에 조선 시대 회곽묘가 노출되어 목관이 발견되었다. 관 속에는 갖은 옷이 가득 차 있었고, 무덤의 주인은 미라 상태로 남아 있었다. 관 위에 놓아 준 명정에 "眞城李娘之柩(진성이낭지구)"라고 쓰여 있어 무덤 주인이 진성 이씨眞城李氏 성姓을 가진 여성임을 알 수 있었다. 직계 후손을 찾을 수 없어 주인공의 이력이 명확하지는 않지만, 미라의 과학적 분석을 통해 신장이 150㎝이고, 35~50세의 중년 여성이라는 것도 밝혀졌다. 그리고 보존 처리와 복식 분석을 통해서는 1650년대까지 생활하였던 것으로 확인되었다.

수습한 유물은 2년여 동안 국립문화재연구소 문화재보존과학센터에서 보존 처리를 실시하여 42건 53점의 유물로 다시 태어났다. 유물의 종류로는 장옷·저고리·한삼·치마·바지·소모자 등의 복식류와 목관·칠성판·삽 등의 목재류가 있으며, 그 외에 염습에 필요한 물품들이다. 특히 명정에 쓰여져 있는 '眞城李娘之柩'의 '娘'이라는 글씨는 여성임을 뜻하는 것으로, 명정에 쓰여져 있는 사례로는 최초로 발견된 유물이다. 그리고 유물 수습 당시에 훼손된 곳이 없었기 때문에 모든 유물이 어떤 용도로 사용되었는지 명확하게 알 수 있었다.

목관의 나이테로 밝혀진 '1647년'

진성이낭의 목관은 소나무로 만들어 관 외부에 전체적으로 흑색 옻칠이 되어 있다. 연륜 연대 측정법을 실시하여 목관의 시기를 알아보았는데, 연륜 연대 측정법은 나무의 연륜(나이테) 폭을 측정하여 연륜 하나하나에 이미 절대 연대가 부여된 마스터 연대기 곡선과 비교하여 수피를 포함하고 있는 시료의 마지막 나이테의 연도, 즉 벌채 연도를 알아내는 것이다. 분석 결과 진성이낭의 목관은 1647년 직후에 제작된 것으로 추정되었다. 목관은 수년 또는 수십년 전의 생시에 만들어지기 때문에 무덤 주인의 생존 시기 판별에 결정적인 자료는 아니지만 진성이낭의 경우, 복식 유물의 구성 분석에서도 1650년대 유물로 판명되어 적어도 진성이낭이 1650년대 전후까지 생존한 인물로 추정 가능하다.

최초로 확인된 '진성이낭지구(眞城李娘之柩)'

명정은 죽은 이의 신분과 성씨를 써넣기 때문에 관 속의 인물이 누구인지를 알 수 있다. 진성이낭은 명정의 글씨에서 본관이 '진성'이고, 성이 '이씨'임을 확인할 수 있다. 또한 남녀 호칭을 대신한 '氏'를 쓰지 않고 '娘'을 썼기 때문에 '여성'임을 알 수 있다. '娘'이라는 칭호는 명정에서 최초로 나타난 글자이다. 미혼 처자의 칭호로 '娘'을 쓴다고 알려져 있느나 옛 문헌에서 '娘'은 미혼 이외에 부녀나 후실을 칭하기도 하였다. 진성이낭의 경우 남편의 신분을 알 수 있는 봉작이 없는 것으로 보아 정실 부녀 보다는 후실일 가능성이 높은 것으로 추정된다.

185 한삼(수의, 첫 번째로 입은 웃옷)

시신이 가장 안쪽에 입었던 웃옷으로, 좌임(左衽)의 상태로 입었다. 겹으로 된 겉깃은 칼깃 형태이며, 안깃은 목판깃 형태이다. 화장이 길어 저고리를 덧입었을 때 소매가 밖으로 나오면서 손을 덮은 형태이다.

186 저고리(수의, 두 번째로 입은 웃옷)

한삼을 입고 그 위에 덧입었던 저고리이다. 깃의
형태는 17C 초반부터 나타나는 여성 저고리의 전
형인 목판당코깃이다.

187 장옷(수의, 세 번째 입은 웃옷)

수의의 마지막 웃옷으로, 겨드랑이에 짙은 아청색의 사각 접은 무가 달려 있다.

188 바지(수의, 첫 번째 입은 아래옷)
가장 안쪽에 입었던 바지로, 일부 조각만
남아 있다. 밑 아래 삼각형 바대가 달리고
밑이 막혔다.

189 바지(수의, 두 번째 입은 아래옷)
두 번째로 입었던 바지로, 일부 조각만 남아 있다.
밑이 트여 있으며, 좌우 가랑이에 작은 삼각형
바대가 달려 있다.

190 바지(수의, 세 번째 입은 아래옷)
세 번째로 입었던 아래옷이다. 수습 시 허리 말기 트임 부분이
오른쪽으로 착장되어 있었다. 밑이 트인 개당고 형태의 바지이다.

191 치마(수의, 네 번째 입은 아래옷)

수의를 입을 때 마지막으로 입은 아래옷이다.
안감은 크고 작은 여러 조각을 이어 놓았다. 주름은 왼쪽으로 향하였다.

192 바지(소렴)

밑 트인 개당고 형태의 바지이다. 허리끈은 떼어지고 없다.

193 장옷(소렴)

시신의 머리부터 신체 상부를 감싸 준 소렴용 장옷이다.
겨드랑이에 짙은 아청색 화문단 사각 접은 무가 달려 있다.
동정과 고름을 단 흔적이 있다.

194 저고리(소렴)

머리부터 얼굴, 목을 감싸는
소렴용 겹저고리이다.
깃의 형태는 목판당코깃이며,
겨드랑이에 무가 없이
완만한 곡선을 이루고 있다.

195 저고리(소렴)

겹저고리와 겹쳐서
시신의 머리부터 얼굴, 목까지
감싸 주는 소렴용 솜 누비저고리이다.
깃의 형태는 목판당코깃이다.

196 저고리(소렴)

겨드랑이에 별도의 무가
달리지 않고 곡선을 이루며,
옆선부터 배래까지 완만하게
이루어지는 형태를 보인다.
깃의 형태는 목판당코깃이다.

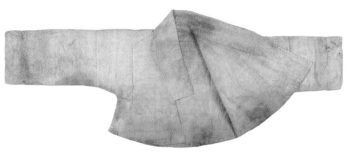

197 저고리(소렴)

양옆 겨드랑이 아래로
사각 접은 무와 사다리꼴 무가 달린
칼깃 형태의 저고리이다.

198 저고리(소렴)

겉깃 모양이 칼깃 형태이고,
저고리 길이가 길게 구성된
전형적인 남성용 저고리이다.

199 치마(소렴)

수의를 입은 시신의 신체 중앙을 덮고 있던 소렴용 치마이다.
손상이 심한 상태이다.

200 치마(보공)

보공용으로 찢어서 관 측면을 채웠던 솜치마이다.
안감은 여러 조각을 이어서 사용하였으며,
대렴금의 아청색이 이염되어 있다.

201 치마(보공)

두 조각으로 찢어서 관 양쪽 측면을 채워 넣은 보공용 치마이다.

202 바지(보공)

보공용으로 넣어져 대렴금의 아청색이 이염된 홑바지이다.
밑 아래 부분이 파열되고 유실된 부분이 많은 상태이다.

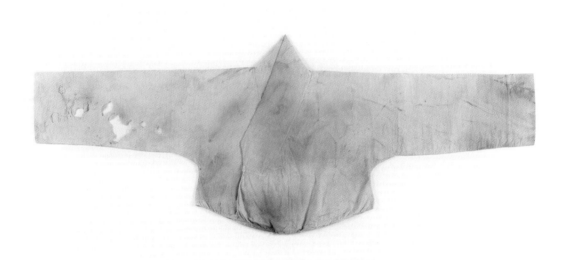

203 저고리(보공)

겨드랑이에 무가 없이 완만한 곡선 형태로 구성된
목판당코깃의 면포 겹저고리이다. 보공용으로
사용되어 대렴금의 아청색이 이염되어 있다.

204 저고리(보공)

보공용으로 사용된 솜저고리이다.
옷 길이가 길고 칼깃 형태인 것으로 보아
남성용 저고리로 추정된다.
대렴금의 아청색이 이염되었고,
전체적으로 손상이 심한 상태이다.

205 장옷(보공)

관의 상부 소모자 아래쪽에 접혀진 상태로 보공되었던 장옷이다.
소모자의 아청색이 이염되었다.
진성이낭 묘에서 출토된 장옷 중 유일하게 동정과 고름이 남아 있다.

206 악수(염습구)

시신의 손에는 악수(握手)를 감아 고정하였다. 겉감 쪽이 손과 맞닿아 있었다.

207 소모자(보공)

소모자 상부는 삼각형 여섯 조각을 합쳐서 잇고 아래는 일자형 무를 둘러주었다. 겉감은 짙은 아 청색의 무늬 없는 비단을 사용하였고, 안쪽으로 는 솜을 넣어 주었다. 소모자는 일반적으로 남성 이 평상시에 쓰고 다니던 것으로, 여성도 평상시 에 사용하였는지는 아직 불확실하다. 현재까지 학계에 소개된 소모자는 17C까지의 남성과 여 성의 분묘에서 출토되었으며, 형태가 6조각으로 된 것이 많다.

208 땋은 머리와 댕기(기타)

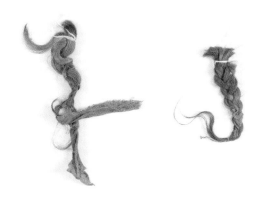

시신의 머리 형태가 얹은머리였을 것으로
추정되나 발견 당시에는 머리가 풀려
양쪽으로 땋은 머리가 밖으로 드러난 상태였다.
머리카락이 비교적 짧고 숱이 적었으며,
머리 끝은 명주를 좁게 잘라 매개댕기로 땋은
머리 끝을 마무리하였다. 현재 땋은 머리만
잘라 수습한 상태로 보존되어 있다.

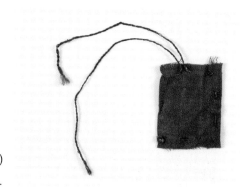

209 낭(염습구)
시신의 신체 일부를 넣은 주머니이다.

210 모자(염습구)
시신의 머리에
씌운 모자이다.

211 멱목(염습구)
시신의 얼굴을
덮은 것이다.

212 소렴금 · 소렴포 조각(소렴)

213 대렴금(대렴)

겉감과 안감 모두 면포를 사용하고
솜을 두텁게 넣어 준 대렴금이다.

214 대렴포 종교 조각(대렴)

소렴에 싸여진 시신을 대렴금에 감싼 후 묶는 용도로 사용된 것이다.
대렴금의 아청색이 이염되어 있다.

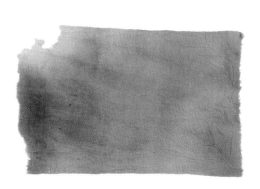 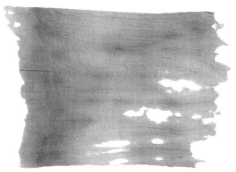

215 대렴포 횡교 조각(대렴)

대렴금에 감싼 시신을 가로 방향으로 묶은 횡교(橫絞)이다.
바닥과 묶인 매듭 부분이 삭아 없어진 상태이다.

216 목관(치관제구)

천판 · 지판 · 사방판(장벽, 단벽)으로, 짜임과 이음으로 구성되어 있다. 천판에는 한자로 '上' 자가 붙어 있으며, 관 외부 사방판과 천판 및 지판이 만나는 부위와 사방판 장벽과 단벽이 만나는 부위에는 폭 9㎝의 한지가 둘러져 있다. 관 외부에 전체적으로 흑색 옻칠이 되어 있다. 관재의 연륜 연대 분석 결과 1647년 직후에 제작된 것으로 보여진다.

217 칠성판(치관제구)

218 명정(치관제구)

죽은 이의 신분과 성씨를 적어 누구의 관인지 알 수 있도록 하는 제구이다. 명정에는 "眞城李娘之柩"라고 묵서(墨書)되어 있다. 봉작은 없으며 묵서된 '眞城李'에서 본관이 '眞城', 성이 '李'임을 알 수 있다. 또한 '氏'를 대신하여 여성의 이름에 붙이는 '娘'이라는 글씨가 적혀 있다. 현재까지 보고된 바 없는 유일한 사례로 귀중한 자료이다.

현

훈

219 현·훈(치관제구)

명정 위에 놓여 있던 청색과 홍색의 폐백이다. 현재는 갈변된 상태이다.

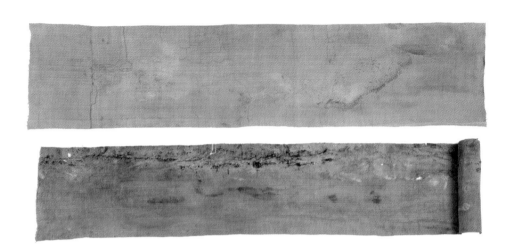

220 관내의(치관제구)

관의 내부 벽면을 붙여 준 옷감이다.

221 지요(치관제구)

대렴 시 칠성판 위에 까는 요로, 염을 마친 시신을 눕혀 놓은 용도로 사용되었다.

222 베개(치관제구)

지요 위에 놓여 있었다.
베개 속에는 머리카락을 채워 넣었다.

223 삽(치관제구)

아래 부분에서 위로 갈수록 넓어지다가 세 부분으로 나누어 솟은 형태이다.
나무에 직물을 형태대로 오려 앞과 뒤를 고정시켰다.
삽(翣)에 붉은색 '아(亞)' 자 문양이 보인다.

224 구의(치관제구)

내관을 덮는 덮개로,
위에 놓여 있던 명정의 글씨가 묻어나 있다.

고서(古書)

225 옥소고

옥소(玉所) 권섭(權燮, 1671~1759)은 조선 후기 문인이다. 본관은 안동, 자는 조원(調元), 호는 옥소(玉所)·백취옹(百趣翁)으로, 기호 명문가에서 태어났다. 노론의 수장 백부 권상하의 가르침을 받았다. 문경의 성주봉 아래 화지동(현 문경읍 당포리)을 근거로 삼아 생활하였다. 지금까지 간행된 옥소의 유고는 모두 13권 7책이 있는데, 이는 모두 옥소 사후 180년 뒤인 1936년 8월에 그의 12대손인 권희만(權熙萬)이 간행한 것이다. 필사본은 2종이 있으며 모두 52책인데, 편의상 '화지본(花枝本)'과 '영수암본(永邃菴本)'으로 명명하고 있다. 화지본은 '문경본', 영수암본은 '제천본'이라고도 한다. 화지본은 12책으로 되어 있고, 영수암본은 40책으로 되어 있으며, 두본 모두 책의 양이 훨씬 더 많았으나 많은 책들이 산실(散失)되어, 현재의 책만 남았다고 한다. 옛길박물관에 있는 옥소고는 화지본이다.

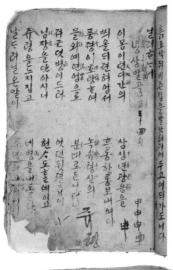

226 옥소 권섭 영정
(경상북도 문화재 자료 제349호)

옥소 권섭 영정은 1724년(경종 4) 도화서(圖書院) 화원(畵員) 이치(李穉)가 그린 비단 바탕의 담채화로, 흉상(胸像)이다. 권섭 선생의 나이 56세 때의 모습이며, 글은 자신이 지었고 글씨는 동생 권영(權玲)이 썼다. 조선 후기의 회화 작품으로 작자가 분명한 점 등이 주목할 만하다. 그의 저서 『옥소고』에는 학문과 시화에 능했던 생전의 모습이 고스란히 담겨 있다. 국문학을 비롯한 미술사, 지리학 등 여러 학문 분야에서 주목받는 인물이다. 〈화지동 고지도〉는 그가 거주하였던 문경읍 당포리 일대를 그린 지도이다. 해마다 영각(影閣)에서는 지역의 유림들이 향사를 올리고 있다. 선생이 살던 화지동 마을과 주변을 읊은 〈신북구곡(身北九曲)〉과 〈화지십평(花支十評)〉 등은 선생과 문경과의 관계를 잘 말해 주고 있다.

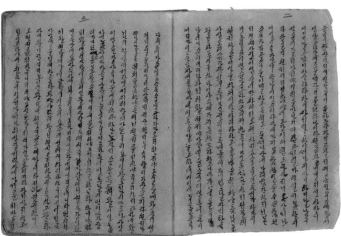

227 강태공전
중국 주나라의 재상 강태공을 주인공으로 한
작자, 연대 미상의 국문필사본 고전 소설이다.

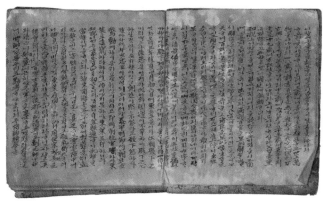

228 임진록
임진왜란을 소재로 한 군담소설 · 전쟁소설로,
작가와 연대는 알 수 없으며 여러 가지 판본이 유포되었다.

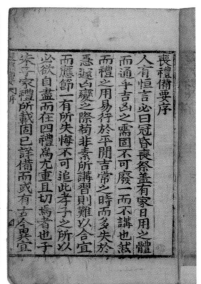

229 상례비요

조선 중기의 학자 신의경(申義慶)이 저술한 '상례(喪禮)'에 관한 책으로, 2권 1책의
목판본이다. 원래 1권 1책의 분량이었으나, 김장생(金長生)이 교정하고 그의 아들
김집(金集)이 수정, 증보하여 2권 1책이 되었다. 16C 조선 사회는 유교적 가례(家
禮)가 널리 보급되지 못했고 전통적인 속례(俗禮)가 지배적이었다. 유교적 사회 신
분 질서를 확립하기 위해서 가례의 보급이 선행될 필요가 있었다. 특히 상례는 가
례의 가장 중요한 요소였으므로 이를 계몽하기 위하여 이 책을 펴냈다. 『주자가례
(朱子家禮)』의 원문을 위주로 하고, 고금의 가례에 대한 제설을 참고하여 일반이
쓰기에 편리하도록 서술하였다. 상례에 관한 초보적 지침서이다.

230 상례초요

상례에 대한 내용이 기록되어 있다.
소매 안에 넣어 다닐 수 있도록 만든
수진본(袖珍本)이며, 절첩(折帖)되어 있다.
'열성계서지도(列聖繼序之圖)'가 수록되어 있다.

231 동사찰요 『동사찰요』 수진본(袖珍本)이다. 우리나라에서는 과거시험을 준비하는 유생들이 사서오경 또는 시문류를, 학승(學僧)들은 불경을 평상시 자주 보는 것을 조그마한 책에 작은 글씨로 깨알같이 써서 소매에 넣고 다닌 데서 널리 유행되었다. 『동사찰요』는 단군 조선인 고조선(古朝鮮)부터 조선까지 3725년간의 신령한 행적과 기이한 일, 난세를 다스린 연혁, 산천, 인물 등에 관하여 시대 순으로 매우 소략하게 줄거리만을 기술한 책이다.

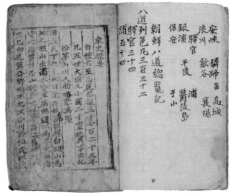

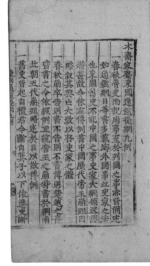

232 목재가숙동국통감제강

1672년(현종 13)에 홍여하(洪汝河, 1621~1678)가 지은 편년체(編年體)의 역사서로, 13권 7책의 목판본이다. 이 책은 본래 서거정(徐居正)의 『동국통감(東國通鑑)』을 취사, 절충하여 가숙용(家塾用) 교재(敎材)로 사용하기 위해 지은 것이다. 저자가 파주에 은거하는 동안 지은 것으로, 그가 죽은 지 100여 년 뒤인 1786년(정조 10)에 안정복(安鼎福)의 서문을 받아 출간되었으며, 그 동안 가숙용으로 필사되어 읽혀졌다.

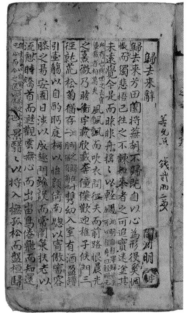

233 귀거래사

도연명(陶淵明 365～427)의 대표적인 산문시로,
도연명이 41세 때 팽택(彭澤)의 현령을 그만두고
고향인 심양으로 돌아갔을 때의 작품이다.

234 태촌집

조선 중기의 학자 태촌(泰村) 고상안(高尙顔, 1553~1623)의 시문집으로, 6권 3책의 목판본이다. 후손 몽헌(夢獻)·준상(浚相)·대철(大喆) 등이 편집하고, 영(穎)·언굉(彦宏)·언묵(彦默) 등이 1897년에 간행하였다. 권두에 정종로(鄭宗魯)의 서문이 있고, 권말에 이만인(李晩寅)의 발문과 영의 후지(後識)가 있다. 시(詩)는 임진왜란 때 참전하여 지은 것이 많다. 서(書) 중에는 김성일(金誠一)·유성룡(柳成龍)·이덕형(李德馨)·이순신(李舜臣) 그리고 중국의 사신과 제독에게 올린 것들이 있는데, 모두 임진왜란을 전후하여 국가와 민생을 염려하는 내용이다. 행장(行狀)에 보면 벼슬에서 물러난 이후 농경 생활을 하였고, 농사에 밝고 농군을 가르쳤다고 한다.

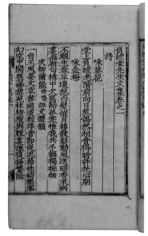

235 부훤당문집

조선 후기의 학자 부훤당(負暄堂) 김해(金楷, 1633~1716)의 시문집으로, 4권 2책의 목판본이다. 1750년경 편집된 것으로 보이나 간행되지 못한 채 흩어졌다가 19C 초에 6세손 진사 현규(顯奎)에 의하여 다시 수습, 간행된 것이다. 권두에 유범휴(柳範休)의 서문과 권말에 권상일(權相一)의 발문이 있다. 권1·2에 시 117수, 만사 38수, 권3에 소(疏) 2편·서(書) 7편·기(記) 10편·상량문 5편·축문 5편·제문 8편·권4에 잡저 7편·묘갈명 4편이 실려 있고, 부록으로 저자의 행장과 묘갈명이 수록되어 있다. 김해의 본관은 안동(安東), 자는 정칙(正則), 호는 부훤당負暄堂)이다. 28세 때인 1660년(현종 1) 경자(庚子) 식년시(式年試)에서 생원(生員)에 급제하였으나 벼슬에 뜻이 없어 고향에서 학문에 전념하였다. 중년에 상주에 이거(移居)하여 당대의 명사들과 널리 사귀었으며, 유림에 관한 글을 많이 지었다. 만년에 역학(易學)과 예학(禮學)을 깊이 있게 탐구하여 심오한 경지에 이르러 인근에 명성이 높았다. 또한 천문(天文), 지리(地理), 법률(法律), 율려(律呂), 산수(算數)에도 정통하였다.

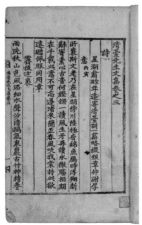

236 청대선생문집

조선 후기의 문신, 학자인 청대(淸臺) 권상일(權相一, 1679~1759)의 문집이다. 권상일의 본관은 안동(安東), 자는 태중(台仲), 호는 청대(淸臺)이고, 문경의 근암리(近菴里)에서 출생했다. 학문을 일찍 깨우쳐 20세에 옛사람들의 독서하는 법과 수신하는 방법을 모아 『학지록(學知錄)』을 저술하였다. 1710년(숙종 36) 증광문과에 급제해 승문원 부정자가 되었으며, 1728년 이인좌(李麟佐)의 난을 사전에 탐지해 영문에 보고하고 난을 토벌해 공을 세웠다. 『퇴계언행록(退溪言行錄)』을 교열해 간행하였고, 대사헌 등을 역임하고 기로소에 들어갔다. 이황(李滉)을 사숙해 『사칠설(四七說)』을 지어 '이(理)'와 '기(氣)'를 완전히 둘로 분리하고, '이'는 '본연의 성'이며, '기'는 '기질의 성'이라고 주장했다. 81세를 일기로 세상을 떠났으며, 문경 근암서원에 배향되었다.

237 규장전운

정조(正祖)의 명으로 규장각(奎章閣)에서 편찬한 음운
서이다. 이덕무(李德懋)가 주로 편찬하고, 윤행임(尹行
恁)·이가환(李家煥)·유득공(柳得恭)·박제가(朴齊
家) 등이 교정하여 1796년(정조 20)에 간행하였다. 주로
한시를 짓는 데 필요한 사전으로 보급하였다. 운서의
형태는 평성(平聲)·상성(上聲)·거성(去聲)·입성(入
聲)을 모두 나열하는 4단식 운서 체제이며, 106운계 운
서로서 모두 1만 3345자가 수록되어 있다.

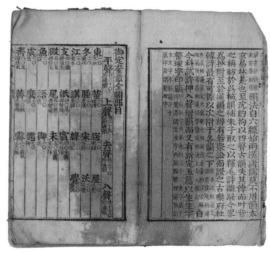

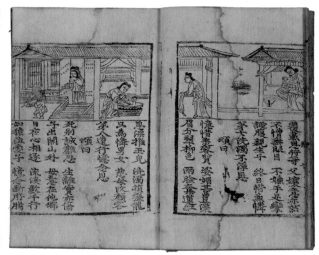

238 부모은중경

부모의 크고 깊은 은혜를 보답하도록 가르친 불교 경전으로, '불설대부모은중경(佛說大報父母恩重經)'
이라고도 한다. 이 경전은 1571년 문경 사불산(四佛山) 대승사(大乘寺)에서 개판한 것이다. 조선 전기
부터 삽화를 곁들인 판본이 많이 간행되었고, 중기 이후에는 언해본도 간행되었다. 현존 최고의 판본은
1381년(우왕 7)에 간행된 고려본이며, 삽화본 중에는 정조가 부모의 은혜를 기리는 뜻에서 김홍도(金弘
道)에게 삽화를 그리게 하여 개판한 용주사본(龍珠寺本)이 있다.

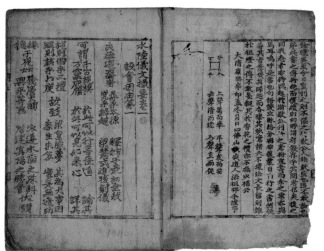
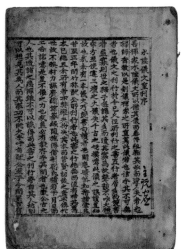

239 수륙의문

문경 사불산(四佛山) 대승사(大乘寺)에서 발행한 것으로, 수륙재(水陸齋)의 의식 절차를 적어 놓은 책이다. '수륙재'란, 물과 육지에서 헤매는 외로운 영혼을 위로하기 위하여 불법을 강설하고 음식을 베푸는 의식이다. 수륙재는 중국 양나라 무제(武帝)에 의해서 시작되었고, 우리나라는 고려 시대 때부터 행해졌는데, 970년(광종 21) 갈양사(葛陽寺)에서 수륙도량(水陸道場)을 연 것이 시초이다. 조선 시대 억불정책이 본격화되면서 폐지 논의가 있었으나 쉽게 폐지되지는 못하였다. 중종 때 유생들의 상소로 인해 국가행사로 거행되는 것이 금지되면서 수륙재는 민간을 통해서 전승되었다.

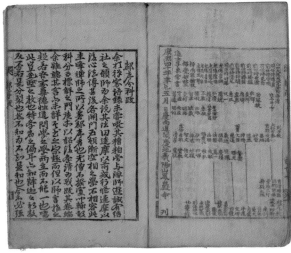

240 선원제전집도서

중국 화엄종(華嚴宗)의 제5조인 종밀(宗密)이 지은 책인 『선원제전집』 가운데 선교 일치사상
에 관련된 요긴한 글을 발췌한 책이다. 문경 봉암사에서 간행하였다. 주요 내용으로는 상권에
5종선(五種禪)의 분류와 이 책을 지은 목적, 선종의 3문(三門)과 교종의 3문을 대비하였고, 하
권에서는 3문을 더욱 구체적으로 분석, 설명하였다.

241 간독회수

왕복서간(往復書簡) 작성에 필요한 격식과 예문 및 상식 등을 편집한 필사본 책이다. 각 지역
의 거리 등을 표기하고 있으며 별도의 난상주(欄上注)가 첨가되어 있는데, 서간 작성에 사용되
는 필수 어휘들을 난상(欄上)에 나열하고 필요한 경우 그 의미를 세주(細注)로 처리하였다.

242 영남문헌록

조선 말기의 학자 정형식(鄭瑩植)이 영남 지역의 역대 유명인을 유형별로 수록한 책으로, 연활자본(鉛活字本)이다. 영남 지방의 씨족과 인물의 행의(行義), 효열(孝烈), 원사(院祠), 정려(旌閭), 유허비, 묘갈명, 정(亭), 대(臺), 당(堂), 재(齋)와 문집의 잡저(雜著) 등을 수록하여 편집한 책이다.

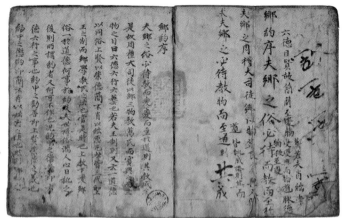

243 경상도향약

김홍득(金弘得, 1693~1777)이 정묘년(丁卯年)에 쓴 필사본이다. 향약은 조선 시대의 향촌 규약이나
그 규약에 근거한 조직체를 일컫는 말로, '일향(一鄕)의 약속(約束)'을 줄인 말이다.
조선의 향약은 중국 송나라 때의 '여씨향약(呂氏鄕約)'을 본뜬 것으로, 조선 중종 때 조광조를 비롯한
사림파의 주장으로 추진되어 영·정조 때까지 전국 각지에서 실시하였다.

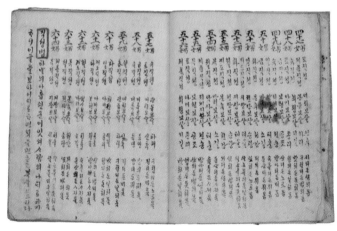

244 돈점 및 만보오길방

'돈점'은 동전 따위를 던져서 드러나는 면에 따라 길흉을 알아보는 점의 일종이다.
별점, 오행점, 주사위점 등 민간(民間)에서 신봉되던 각종 점법(占法)들을 모아 놓은 점복서(占卜書)이다.

245 **열성수교**

고려 개국공신 신숭겸(申崇謙, ?~927)의 충의를 추모하는 조선 역대 왕의 교령문(敎令文)을 모은 책으로, 활자본 1책이다. 「병조수교문(兵曹受敎文)」, 「예조수교문(禮曹受敎文)」과 아울러 문종, 성종, 선조, 숙종, 영조 등이 신숭겸의 후손들에게 군보납미(軍保納米) 등의 잡역을 면제해 준 전교(傳敎) 등이 수록되어 있다. 특히 병조 및 예조에 보낸 교령(敎令)에는 신숭겸의 인물에서부터 그가 군왕과 국가에 바친 충의에 이르기까지 깊은 충덕(忠德)을 논하고, 같은 개국공신인 배현경(裵玄慶)·홍유(洪濡)·복지겸(卜智謙) 등에 대해서도 부연하였다. 「수교후록(受敎後錄)」에는 「고려책명(高麗策命)」과 「치제동양서원문(致祭東陽書院文)」 등 조선 왕조의 치제문(致祭文)이 수록되어 있다.

246 대전통편

조선 후기의 법전으로 6권 5책, 목판본이다. 조선 시대의 법전은 초기의 『경국대
전(經國大典)』이후에 많은 법제가 제정되어 서로 중복, 모순될 뿐만 아니라 참조
하기에도 불편하였다. 이러한 부분을 해결하기 위하여 1746년(영조 22)에 『속대전
(續大典)』이 편찬되었고, 정조는 법전을 하나로 통합하고 『속대전』의 미진한 부분
을 보완하기 위하여 새로운 법전 편찬을 명하게 되었다.

1784년(정조 8) 정조의 명으로 '찬집청(撰集廳)'을 설치하고, 김노진(金魯鎭)·엄
숙(嚴璹)·정창순(鄭昌順)을 찬집당상으로, 이가환(李家煥)을 찬집낭청으로 임명
하여 편찬에 착수하였다. 『대전통편』의 초고가 완성되자 정조는 대신들로 하여금

다시 검토하게 하였는데, 이 일의 총재는 김치인(金致仁)이 맡았다. 최종 원고가 완성된 후 이복원(李福源)의 서문과 김치인의 전문(箋文)을 첨부하여 1785년 6월 15일 목판본 인쇄에 착수하였고, 1786년 1월 1일부터 시행되었다.

내용에 있어서 『경국대전』이나 『속대전』의 조문 중 폐지된 것은 '금폐(今廢)'라고 표시하고, 숫자나 명칭이 뒤바뀌거나 오류가 명백한 것만 바로잡는 외에 『경국대전』이나 『속대전』의 조문은 그대로 수록하였다. 『대전통편』의 편찬으로 『경국대전』이후 300년 만에 새로운 통일 법전이 이룩되었다.

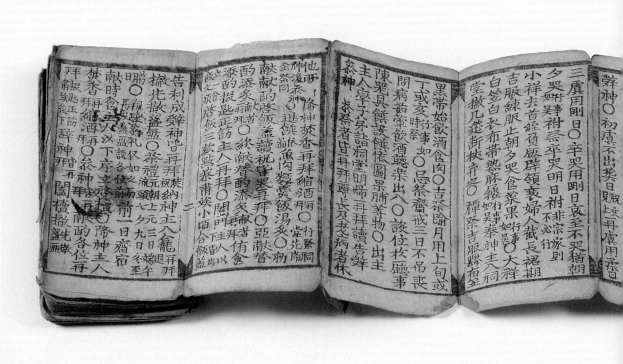

辫神〇初虞不出奠日設上二再虞用

三虞用剛日〇卒哭用剛日哀至不哭猶朝
夕哭附葬祔禮平哭明日不如宗廟則
聞病茹葷飲酒聽樂出入〇諏位松廳事
小祥去首絰負版辟領衰婦人截長裙期
吉服練服止朝夕哭食菜果如行蕘如
白笠白衣布帶熟麻緝行事奉神主入祠
堂撤几筵斷杖弃之 禫祭吉服黲布笠

黑帶始飲酒食肉〇吉祭喻月用上旬或
丁或亥時辭事如〇忌祭齊戒三日不吊喪
陳哭具饌設饌依圖果脯菜羹飯炙出
主人詣子弟詣祠堂明婦再拜讀祝病者休
祭畢皆拜尊长及老及病者休

他冊〇降神焚香再拜縮酒酹
神後茶神主八龕再拜
全蓋同〇茶禮流元朝七上九日至午
添匙啟飯三數點茶甫茶小頃合飯蓋
酌添匙正筋主人再拜〇閤門佳人以
獻酌啟飯讀讌祝曰哀哀飯湯炙〇
終獻酌添炙其替〇亞獻酌添炙祔物
獻酌啟飯讌讌祝曰哀哀飯湯炙〇

告利成辭神皆再拜
撤先撥逐盞〇茶禮流
獻時食正筋八必設各位再
日膰主蓋礼仍如之前立序各位再
拜撥就後正筋再下辭神皆
灰香拜前縮酒再於神拜
拜撤就後下辭神階再再拜
圖櫝撤洗盞盤

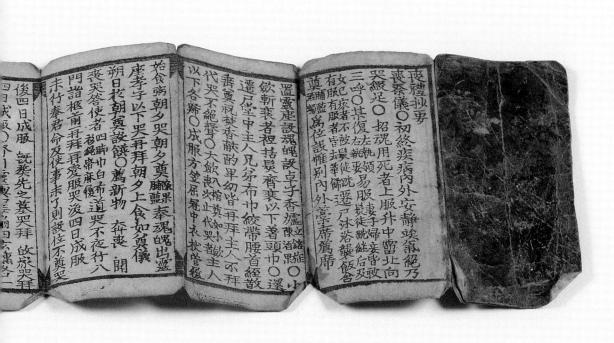

喪禮抄要
喪祭儀○初終疾病內外安靜哭氣絕乃
哭緩足○招魂用死者上服升中霤北向
三呼○其復左扐領易服妻子婦妾皆散
髮扱上服徒跣餘有服者皆去華飾
女妓家著不被去髮徒跣遷尸沐浴襲飯含
有服者有服者不被變餘徒跣
奠酒脯醢為位設帷別內外蒼苫薦席

置靈座設魂魄設卓子香爐陳酒墜點○小
歛斬襄者袒括髮齊襄以下著頭巾○遷
遷尸堂中主人兄分布巾絞帶腰首經散
裘奠祝焚香獻酌甲幼皆再拜主人不拜
代哭不絕聲○大歛勣炎止哭歛主人
以下各歸○成服方笠屈冠中衣扱管後

門諸柩前拜拜拜爱服哭送四日成服
喪哭答使者裗緦帛麻復道哭不夜行八
朝日花朝奠設饌○薦新物 奔喪 開
座孝子以下哭再拜朝夕上食如賀儀
若食離魂朝夕哭奠脯醢累奉魂出靈

後四日成服 既窆先之墓哭拜
四日成服○...朝日...哭拜
未行奉君命及使事未了則設位不奠哭

생업 및 의식주 생활

247 농기

농기는 농촌에서 한 마을을 대표하고 상징하는 기(旗)로서 '서낭기', '용기(龍旗)' 등으로 불리기도
한다. 마을에서 동제를 지내거나 두렛일을 할 때 세워 두기도 하고, 풍물을 칠 때도 농기를 앞에
세운다. 농기에는 '神農遺業(신농유업)', '黃帝神農氏遺業(황제신농씨유업)', '農者天下之大本(농
자천하지대본)' 등의 글씨를 쓰기도 하고, 용을 그려 넣기도 한다. 농기는 마을의 상징으로 신성하
게 여겨졌다. 이 농기는 문경시 마성면 신현 1리에서 기증한 것으로, 1991년까지 마을에서 사용하
였다고 한다. 이 농기의 특징은 다른 지역의 농기와는 달리 태극기가 그려져 있고, 왼쪽에 '隆熙二
年 三月 二日(1908년 3월 2일)'이 명기되어 있어 제작 연도가 1908년임을 확인할 수 있다.

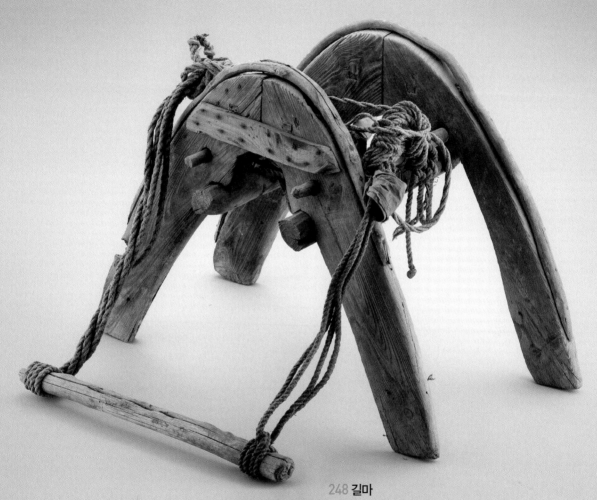

248 길마

말굽쇠 모양으로 구부러진 나무로 만들었는데, 소 등에 올려 짐을 싣는 데 사용하였다.

249 자귀날

자귀에 박혀 있는 날이다. 자귀는
목재를 찍어서 깎고 가공하는 연장이다.
도끼는 날이 자루에 평행하게 박혀
있는 데 반하여 자귀는 자루와 직각
방향으로 박혀 있다.

250 대패

나무를 밀어 깎는 연장이다. 나무에 쇠날을 박아 넣은 것으로, 목재 면을 매끈하게 하거나
표면을 필요에 따라 여러 가지 모양으로 깎아 내는 연장이다.

251 변탕

대패질할 때 깎아낼 두께를 어림잡기 위해 한쪽 가를 먼저 깎는 연장이다.
변탕은 모서리를 턱지게 깎기 위하여 대패 바닥을 턱지게 만든 대패이다.

252 각자

'ㄱ' 자 모양으로 각이 있는 자이다.
각자는 서로 다른 2개의 나무를 맞추어
'ㄱ' 자 모양으로 만들었으며,
긴 쪽을 '장수(長水)',
짧은 쪽을 '단수(短水)'라고 한다.

253 거도

나무나 쇠붙이를 자르거나 켜는 데
쓰는 도구이다. 톱은 좁고 긴 쇠판에
일정한 간격의 날을 이빨과 같이 내어
톱 틀에 끼워 둘 또는 혼자의 힘으로
앞뒤로 문질러 나무나 쇠를 자르는 데
사용하는 연장이다.

254 똥바가지

똥을 퍼 담을 때 사용하는 바가지로,
과거에는 모든 것이 거름으로
사용되었기 때문에 똥은 함부로
버리는 것이 아니었다. 똥을 논이나 밭에
뿌리기 위해 장군에 담을 때
사용하는 바가지가 똥바가지이다.

255 말

말은 곡식·액체·가루 등의 분량을 측정하는 그릇 및 양제 단위(量制單位)를
일컬으며, 열 되를 '한 말'이라고 한다.

256 되

물질의 분량을 가늠하기 위하여 제정된 양제 단위명
또는 그런 일에 쓰이는 기준 용기를 말한다.

257 씨앗통

씨앗을 보관하는 통이다.

258 소죽통(구유)

소죽통은 소에게 먹이를 담아 주는 그릇으로, '구유'라고도 한다.
주로 통나무의 안쪽을 파내어 만들며, 구유는 외양간에 고정시킨다.

259 꿩틀

꿩을 꾀어 잡는 기구로, 덫의 일종이다.
'창애'라고도 한다.

260 먹통

네모난 두꺼운 나무통에 앞뒤로 두 개의 구멍을 파내어
한쪽은 먹물 묻힌 솜을 넣어 두는 먹솜 칸을,
다른 한쪽은 먹줄을 감을 수 있도록 타래를 끼워 놓아
자재 가공을 위해 선을 긋는 데 사용하는 연장이다.

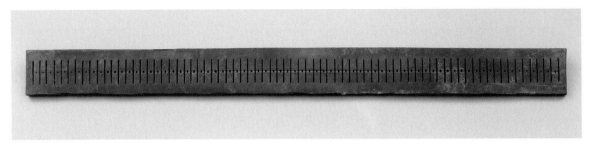

261 자리 바디

돗자리는 자리틀로 짜는데, 베틀이나 가마니와 마찬가지로 바디와 북을 이용해서 자리를 짠다.
자리를 짤 때 사용하는 바디를 '자리 바디'라고 한다.

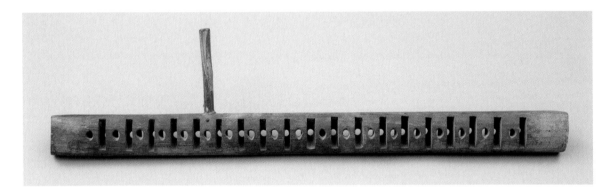

262 가마니 바디

가마니는 가마니틀로 짜는데, 베틀과 마찬가지로 바디와 북을 이용해서 가마니를 짠다.
가마니를 짤 때 사용하는 바디를 '가마니 바디'라고 한다.

263 신골

신을 만든 후에 그 모양새를 바로잡기 위해
사용하는 신틀이다.

264 톱

톱은 좁고 긴 쇠판에 일정한 간격의 날을 이빨과 같이 내어 톱틀에 끼워서 둘 또는 혼자의 힘으로 앞뒤로 문질러 나무나 돌을 자르는 데 사용하는 연장이다.

265 탯돌

타작할 때 알곡을 떠는 데 쓰이는 재래식 농기구를 '개상'이라고 하는데, 개상이 없을 때는 큰 판돌에다 떤다. 이때 판돌을 '탯돌'이라고 한다.

266 약초 캐는 도구

약초를 캘 때 사용하는 도구이다.

267 찍개

찍개는 돌을 깨뜨리거나 갈아 만든 연장으로,
사냥 도구로 사용하였다.
무엇을 내리찍을 때 사용하여 붙여진 이름이다.

268 채독

싸리로 만든 독이나 항아리인데,
오지그릇이 귀한 산간 지방에서 많이 사용된다.

269 논 제초기

논밭의 김을 매거나 잡초를 제거하는 기계이다.

제초기는 사람이 뒤에서 밀고 나가면서 밭을 얕게 갈아 잡초를 제거하거나 김을 맸는데,

이전에는 호미로 이 일을 했었다.

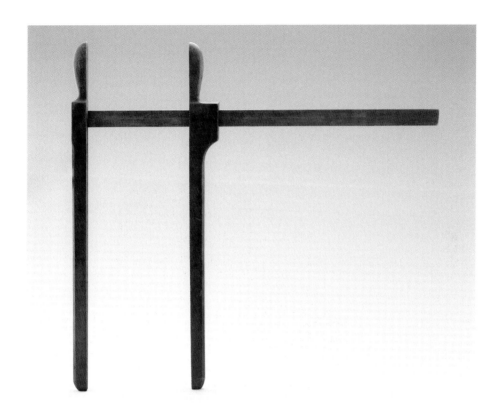

270 **자** 길이나 너비, 깊이, 두께, 각도 등을 재는 데 쓰이는 연장이다. 목재를 마름질하는 데
쓰이거나 토지를 재는 것, 피륙을 재는 것 등 재는 대상에 따라 여러 가지 종류가 있다.

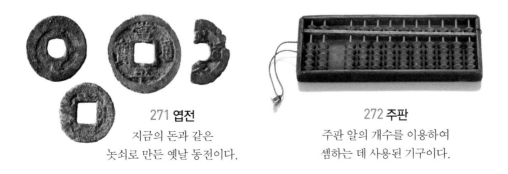

271 **엽전**
지금의 돈과 같은
놋쇠로 만든 옛날 동전이다.

272 **주판**
주판 알의 개수를 이용하여
셈하는 데 사용된 기구이다.

273 갓

274 갓

어른이 된 남자가 머리에 쓰는 의관의 한가지이다.
가는 대오리로 갓양태와 갓모자를 만들어
모시베나 말총으로 싸서 먹칠이나 옻칠하여 만든 모자이다.

275 짚신

볏짚으로 삼은 신으로, 짚을 꼬아 만들었다.

276 미투리

삼이나 노 따위로 짚신처럼 삼은 신이다. 흔히 날을 여섯 개
로 한다. '마혜(麻鞋)'라고도 하며, 재료나 만듦새에 따라 삼
신, 왕골신, 청올치신, 무리바닥, 지총미투리 등으로 불렀다.

277 갓집

갓을 보관하는 함이다. 갓상자와 갓집이 있으며,
뚜껑과 받침으로 구분된다.

278 탕건

갓 아래에 받쳐 쓰던 관의 한가지이다. 탕건은 갓을 쓰기
전에 쓰는 것으로, 말총으로 만들며 '감투'라고도 한다.

279 대패랭이   대오리로 성글게 대우와 양태를 결어 만든 갓 모양의 쓰개이다.

280 갈모, 갈모테
비가 올 때 갓 위에 덮어 쓰던
고깔과 비슷하게 생긴 물건이다.
비에 젖지 않도록 기름종이로 만들었다.

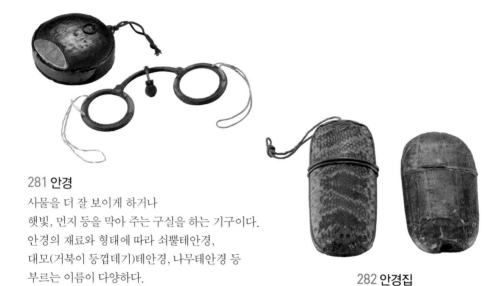

281 안경

사물을 더 잘 보이게 하거나
햇빛, 먼지 등을 막아 주는 구실을 하는 기구이다.
안경의 재료와 형태에 따라 쇠뿔테안경,
대모(거북이 등껍데기)테안경, 나무테안경 등
부르는 이름이 다양하다.

282 안경집

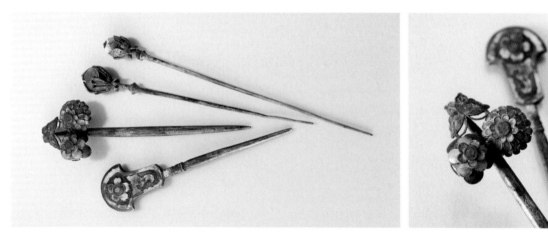

283 뒤꽂이 쪽찐 머리 뒤에 덧꽂는 비녀 외의 장식품이다.

한쪽 끝은 뾰족하고, 다른 한 끝에는 다양한 형태의 장식이 달려 있어 뾰족한 곳을 쪽에 꽂아 장식하는 장식품이다.

284 족두리

부녀자가 예복을 입을 때 머리에 얹던 검은 관의 한가지이다.
족두리는 검은 비단으로 만들었다.
아래는 둥근 원통형이고, 위는 분명하지 않게 6모가 졌으며,
솜이 들어 있고, 가운데를 비워서
머리 위에 얹는 데 사용되었다.

식생활

285 소형 가마솥

냄비 크기의 솥으로, 여행 시에 식사 해결을 위해 휴대하기도 하였다.

286 흑유주병

흑유는 흑갈색 또는 암갈색의 유약으로,
흑유병은 병에 이 유약을 바른 것이며,
색깔이 검다.

287 주전자

물을 담아 끓이거나 술을 데우고, 그것을 담아
따르는 도구이다. 둥근 몸체, 손잡이, 주둥이, 그리고
뚜껑으로 이루어진 용기이다. '승반(承盤)' 또는
'탁잔'과 함께 사용되며, 주로 술이나 차를
따르는 데 사용한다.

288 궤상

팔을 받칠 수 있게 만든 상이다.
궤상은 앉았을 때 팔을 얹어 몸을 편히 기대도록 만든 팔받침대로,
'은궤(隱几)', '제궤(梯几)', '빙궤(凭几)', '협식(脇息)' 등으로 불린다.

289 함지
나무로 짜서 귀퉁이지게 만든 그릇이다.
함지는 큰 나무를 쪼개어 안을 파내서 만든
큰 그릇으로, 전함지·민함지·주름함지
등이 있다. 전함지는 전이 달리게 판 것이며,
민함지는 둥근 함지이고, 주름함지는 안쪽을
주름지게 만든 것이다.

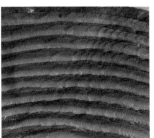

290 이남박
쌀 등을 씻어 일때 쓰는 함지박의 한가지로, 나무바가지이다.

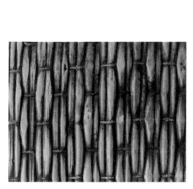

291 버들고리

싸리채나 댓가지로 엮어 만든 부엌 세간이다.
'광주리'는 대, 등나무, 싸리 등으로 엮어서 만든 용기의 총칭이다.

292 고리(8자)

293 고리

292~293 고리 '고리'는 껍질 벗긴 버들가지나 싸리채 혹은 대오리 등으로 엮어서
상자같이 만든 저장 용기이다.

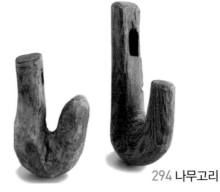

294 나무고리

295 쳇다리

가루를 쳐내거나 액체를 받아내는 데 쓰이
는 기구이다. 체는 나무를 얇게 켜서 겹으로
끼운 두 개의 바퀴 사이에 말총이나 헝겊 또
는 나일론 천이나 철사 등으로 바닥을 메운
용구로, 체를 거를 때 밑에 받치는 것이 쳇다
리이다.

296 떡살

떡을 찍어내는 데 사용하는 도구
이다. 떡의 모양과 무늬를 결정
하는 판으로, 흙으로 빚어 구워
낸 사기나 자기 제품과 나무로
깎아서 만든 나무 제품이 있다.

297 젓독

젓갈을 담아 보관하였던 저장 용기이다.
방언으로 '도가지'라고도 한다.

298 술병

소주를 담아 보관하던 목이 좁은 항아리
이다. 방언으로 '도가지'라고도 한다.

299 시루

시루는 솥 위에 올려놓고 떡·
쌀 등을 찌는 데 쓰는 둥근
그릇이다. 김이 통하도록 바닥
에는 구멍이 여러 개 나 있다.

300 떡메

떡을 치는 메로, 인절미나 흰떡을 찰지게 반죽할 때 사용한다.

301 찬합

반찬을 여러 층의 그릇에 담아 포개어 간수하거나
운반할 수 있게 만든 용기이다.

302 누룩틀

누룩은 술을 만드는 효소를 지닌 곰팡이
를 곡류에 번식시켜 만든 발효제로, 누
룩틀에 곡류를 집어넣어 만든다.

303 놋수저

놋쇠로 만든 수저이다.

304 표주박

복숭아 모양의 나무박과 조개로 만든 박이다.

305 따베이

물건을 일 때 머리에 받치는
고리 모양의 물건이다.
따베이는 쟁기나 극쟁이의 원시형으로,
'따비'라고도 한다.

306 **반닫이**

앞의 위쪽 절반이 문짝으로 되어 있는 궤이다.
전면 상반부를 상하로 열고 닫는 문짝의 널을 가진
장방형의 단층 의류궤를 '반닫이'라고 한다.

307 연상
문방 제구를 놓는 작은 책상이다.
연상은 문방사우 중 필묵(筆墨)을 보관하는 가구로,
사랑방의 보료 앞에 놓고 서안과 더불어 애용되었다.

308 경대
거울을 부착하고 화장품 및 화장 도구를 넣도록
서랍을 만들어 꾸민 가구이다.
서랍에는 각종 화장품 및 빗 · 빗치개 · 뒤꽂이 ·
비녀 등과 분접시 · 분물통 · 연지반죽그릇 ·
머릿보 · 실 · 수건 등의 화장 도구들을 담아 둔다.

309 연상 받침
필묵을 보관하는 연상 밑에 괴어 놓는 받침대이다

310 목침
잠을 자거나 누울 때 머리에 괴는 나무로 만든 베개이다.

311 화조도팔곡병풍

화조화(花鳥畵)는 화훼화(花卉畵 · 花卉畵) 또는 영모화(瓔毛畵 · 彫花), 동물화, 절지(折枝) 등을 총칭한다.

꽃, 새, 풀, 벌레, 동물 등을 소재로 한 그림으로, '화조도'란 꽃과 새를 주로 그리는 그림을 말한다.

넓은 뜻으로 화훼화, 초춘화, 소과화 등이 모두 포함된다.

우리나라의 화조화는 화려하고 섬세한 중국의 것에 비해

조금은 거칠면서도 자연스럽고 생명력이 넘치는 맛을 주는 것이 특징이다.

화조화에는 동양인의 장수, 운수, 궁합, 범신 등 각종 사상이 내포되어 있다.

312 문자도 병풍

민화의 한 종류로, 한 문자와 그 의미를 형상화한 그림이다.

민간에서는 이 문자도를 가리켜 '꽃글씨'라고도 하며, 한자 문화권에서만 볼 수 있는 독특한 조형예술로서
한자의 의미와 조형성을 함께 드러내면서 조화를 이루는 그림이다.

글자의 의미와 관계가 있는 고사나 설화 등의 내용을 대표하는 상징물을
자획(字劃) 속에 그려 넣어 서체를 구성하는 그림으로, 대개 병풍 그림으로 그려졌다.

313 묘국도팔곡병풍

고양이와 국화를 소재로 그린 그림이 있는 8폭 병풍이다.

병풍 본래의 구실은 바람을 막는 것이었으나

현대에는 그림이나 자수, 글씨 등을 감상하기 위해 사용하는 경향이 더 짙어졌다.

병풍은 접거나 펼 수 있어 방 안에 치면 실용성과 예술성을 겸할 수 있다.

이 병풍은 여덟 폭으로 이루어져 있고, 각 폭마다 고양이와 국화의 아름다운 모습을 담았다.

314 등잔대
기름을 담아 등불을 켜게 된 그릇을 '등잔'이라고 하며,
등잔을 걸어 두는 대를 '등잔대'라고 한다.

315 질화로

316 화로

315~316   숯불을 담아 놓는 그릇인 화로는 본디 화덕에서 비롯되었다.
등듸나 화투 또는 봉덕의 단계를 거쳐 완성된 기구로
불씨 보존 및 보온을 위한 것, 차를 달이는 것, 난방을 위한 것,
여행 때 가마 안에서 쓰던 수로(手爐) 따위로 나눌 수 있다.
'질화로'는 질로 구워 만든 화로이다.

317 얼개빗

'얼레빗'이라고 하는데,
생김새가 반달 모양이라 '월소(月梳)'라고도 한다.
빗살이 성긴 큰 빗으로 긴 머리를 손질하는 데 쓴다.

318 다리미

옷이나 피류의 구겨진 주름살을 펴는 데
사용되는 기구이다.

319 곰방대

곰방대는 담배를 담아 불태우는 담배통과
입에 물고 빠는 물부리, 그리고
담배통과 물부리 사이를 연결하는 설대로
구성되어 있다. 다른 말로 '담뱃대'라고 한다.

320 벼루함

벼루를 안전하게 보관하기 위해
넣어 두는 나무 상자이다.

321 목필통

붓을 꽂는 나무로 만든 필통이다.

322 분판

서당에서 붓글씨를 연습하고 쓰고 나면 물걸레로 닦아 다시 쓰게 되는 연습첩이다.
한지를 여러 겹 도침해서 바짝 말리고, 그 위에 호분(胡粉)과 아교를 잘 섞어 기름에 갠 다음
골고루 윤이 나게 발라 만든다. 휴대하기 편리하게 병풍처럼 폈다 접을 수 있도록 만든 휴대용으로,
'분판' 또는 '분첩'이라고 한다.

323 행연

벼루는 먹을 갈아 쓰는 데 사용하는 문방사우 중 하나이다.
삼국 시대부터 도제원형(陶製圓形) 벼루가 출토되어 전해 오고 있다.
'벼루(硯)'라고 부른 것은 고려 때부터라고 전해진다.
이 벼루는 함경북도 위원강(渭原江) 수중에서 채석된 돌로,
'위원단계석'이라고도 불린다.
상부 테두리 안에 묵지(墨池)를 사각으로 깊게 만들어 간 먹물을
담을 수 있도록 만들었고, 그 옆에는 회문이 음각되어 있다.
벼루바닥(硯堂)은 천도형으로 양각해서 먹을 갈도록 만들었다.
실용적인 용도 외에도 그 자체를 보고 즐겼던 것으로 보인다.

324 먹통

미리 먹을 갈아 먹물을 담아 두는 통이다.
놋쇠를 재료로 만든 이 통은 타원형으로,
뚜껑을 덮을 수 있도록 만들었다.
먹물이 튀거나 엎질러지지 않도록
뚜껑에 손잡이를 붙여 여닫을 수 있도록 하였다.
글씨를 쓰거나 그림을 그릴 때
사용자가 가지고 다니기에 편리하게 만들었다.

325 연적

먹을 갈 때 사용할 물을 담아 두는 용기로,
붉은 진흙으로 만들어 잘 말려 가마에 초벌 구운 다음에
오짓물을 입혀 다시 재벌 구운 오지 연적이다.
이 연적은 일반적으로 연상(硯床) 위에 놓고
주로 실용을 목적으로 사용했지만,
만듦새로 보아 서당에서 글씨 공부하는
학동(學童)들이나 서민층에서 사용했을 것으로 보인다.

도판 목록

〈일러두기〉

* 일련 번호, 유물명, 한자명, 시대, 재질, 유물 크기, 소장처, 유물 번호 순으로 정리하였다.
* 한자명이 없거나 불필요한 경우는 생략하였다.
* 유물은 도록의 편집 체제에 따라 배치하였다.
* 크기는 cm 단위이다.
* 소장처가 별도로 기록된 것을 제외하고는 모두 옛길박물관 소장품이다.

001

해동지도-문경현(海東地圖-聞慶縣)

조선(1750년대 초반) / 47×30.5 /
채색필사본 / 서울대학교 규장각 소장

002

해동지도-조령성(海東地圖-鳥嶺城)

조선(1750년대 초반) / 47×30.5 /
채색필사본 / 서울대학교 규장각 소장

003

비변사인방안지도-영남지도 - 문경
(備邊司印方眼地圖 - 嶺南地圖 - 聞慶)

조선(18C 중엽) / 108×86 /
채색필사본 / 서울대학교 규장각 소장

004

광여도 - 문경현(廣輿圖 - 聞慶縣)

조선(19C 전반) / 36.8×28.6 /
채색필사본 / 서울대학교 규장각 소장

005

매천야록(梅泉野錄)

1955년 / 가로 16 세로 21.3 / 옛길002652

006

'왕의 생일잔치' 화보

1896년 / 가로 40 세로 30 / 복제

007

한양가(漢陽歌)

1900년대 초 / 가로 21.5 세로 16 /
옛길002267

008

The Passing of Korea

1906년 / 가로 19 세로 26.5 / 옛길002275

009

SONG OF ARIRAN

1941년 / 가로 16 세로 23.5 / 옛길002654

010

영화 '아리랑' 포스터

1957년 / 가로 36 세로 25.5 / 복제

011

도왜실기(屠倭實記)

1932년 / 가로 15 세로 21 / 옛길002653

012

영화 '아리랑' 대본

1967년 / 가로 18.8 세로 26 / 옛길002412

013

신태양(新太陽)

1956년 / 가로 18 세로 26 / 옛길002319

014

영화 · 연극(映畵 · 演劇)

1956년 / 가로 19 세로 26 / 옛길002410

015

이흥렬 작곡집(李興烈 作曲集)

1934년 / 가로 19 세로 26 / 옛길002250

022

THE KOREAN REPOSITORY

1896년 / 가로 15.5 세로 22.7 /
영인본 / 사단법인 아리랑연합회 소장

016

조선민요집(朝鮮民謠集)

1941년 / 가로 10.7 세로 16.5 /
옛길002346

023

KOREA AND HER NEIGHBORS

1897년 / 가로 15.5 세로 25.3 /
옛길002273

017

조선민요선(朝鮮民謠選)

1933년 / 가로 10.5 세로 15.5 /
옛길002347

024

KOREA AND HER NEIGHBORS
I , II

1898년 / 가로 14.5 세로 21 / 옛길002274

018

조선의 민요(朝鮮의 民謠)

1954년 / 가로 13.5 세로 19 / 옛길002345

025

The Passing of Korea

1909년 / 가로 19 세로 26 / 옛길002306

019

THE LIVING REED /
갈대는 바람에 시달려도

1963년 / 가로 15 세로 21.5 /
옛길002318, 옛길002661

026

HISTORY OF KOREA I, II

1962년 / 가로 16.5 세로 24.5 /
옛길002308

020

아라랑 · 아라릉 SP 음반

1916~1917년 / 지름 27 /
독일 LAUT ARCHIV 소장

027

엽서(葉書)

1920~1930년대 / 가로 14 세로 8.8 /
옛길002144

021

제1차 세계대전 당시
독일군 포로가 된 한국인

1900년대 초/독일 LAUT ARCHIV 소장

028

엽서(葉書)

1920~1930년대 / 가로 8.8 세로 13.5 /
옛길002322

029

문경새재 아리랑제 팜플렛

2008~2012년 / 가로 19 세로 26 / 문경문화
원 소장

030

다듬이

연대 미상 / 가로 71 세로 19.5 두께 14.5 /
옛길000152

031

다듬이 방망이

연대 미상 / 가로 40 세로 5.5 / 옛길000253

032

바디집

연대 미상 / 가로 60 세로 16 / 옛길000248

033

홍두깨

연대 미상 / 가로 99 세로 5.5 / 옛길000577

034

북

연대 미상 / 가로 16.5 세로 7.7 두께 6 /
옛길000442

035

절구

연대 미상 / 가로 27.5 세로 68 / 옛길000123

036

절구공이

연대 미상 / 가로 94 세로 13.5 / 옛길000127

037

담배 및 담배함

1970년대 / 가로 15 세로 30 / 옛길002383

038

담배

2000년대 / 가로 5.5 세로 8.5 /
옛길002379, 002380

039

소형 성냥

1980년대 / 가로 3.5 세로 5 /
옛길002424, 002425

040

통성냥

1980년대 / 가로 12 세로 10 /
옛길002381, 002382

041

통성냥

1980년대 / 전체 박스 – 가로 24.5 세로 9
낱개 – 가로 12 세로 10 / 옛길002603

042

아리랑 접시

1970년대 / 지름 10.5 / 옛길002268

043

아리랑 국어노트

1950년대 / 가로 14.5 세로 20.5 /
옛길002269

050

아리랑 양초

1980년대 / 양초 박스 : 가로 24.5 세로 7.5
높이 4 / 양초 : 길이 19.5 지름 1.5 가로 75
세로 7.5 / 옛길002420

044

라디오

1960년대 / 가로 19 세로 11 / 옛길002287

051

아리랑 엽서

일제강점기 / 가로 8.8 세로 13.5 /
옛길002322

045

아리랑 스카프

1953년 / 가로 66 세로 60 / 옛길002324

052

아리랑 엽서

일제강점기 / 가로 9 세로 14 / 옛길002303

046

소년한국합창단 발표회 팜플렛

1956년 / 가로 13 세로 14.9 / 옛길002411

053

아리랑 잡지 6월호

1955년 / 가로 13.3 세로 19.1 /
옛길002417

047

아리랑 학생 가방

1970년대 / 가로 39 세로 25 / 옛길002419

054

아리랑 잡지 8월호

1955년 / 가로 13.3 세로 19.1 /
옛길002417

048

부채

1980년대 / 가로 23.5 세로 35.5 /
옛길002418

055

아리랑 잡지 통권 95호

1962년 / 가로 15 세로 21 / 옛길002351

049

장난감(아리랑방울)

1990년대 / 가로 10 세로 25 / 옛길002426

056

아리랑 잡지 통권 256호

1976년 / 가로 19 세로 25.5 / 옛길002352

057

KOREA 잡지

1954년 / 가로 19.3 세로 26 / 옛길002408

064

문어진 아리랑 SP 음반

Okeh K839 / 옛길002302

058

KOREAN FOLK SONGS

1954년 / 가로 22 세로 30.6 / 옛길002409

065

아리랑 SP 음반

Columbia 40070-A / 옛길002459

059

우리민요 시화곡집

1961년 / 가로 19.3 세로 26.5 /
옛길002349

066

신아리랑 SP 음반

1930년대 / Okeh레코드, 1696 /
옛길002304

060

아리랑 잡지

1982년 / 가로 16 세로 25 /
옛길002401, 옛길002403

067

강원도아리랑 SP 음반

1930년대 / 킹스타레코드, K586 /
옛길002458

061

새노래

1986년 / 가로 14.5 세로 20 / 옛길002402

068

진도아리랑 SP 음반

1930년대 / 킹스타레코드, K6660 /
옛길002278

062

만화 아리랑

2003년 / 가로 19 세로 23 /
옛길002655, 002656

069

강원도아리랑, 밀양아리랑 SP 음반

1930년대 / 킹스타레코드, K5766 /
옛길002494

063

아리랑 비디오 테이프

1980~1990년대 / 가로 14 세로 22 /
옛길002657~002660

070

아리랑, 밀양아리랑 SP 음반

일제강점기 / Columbia 40678 /
옛길002320

071

아리랑의 노래 SP음반

Columbia 레코드, A1228 / 옛길002493

078

유성기

1930~1960년대 / 가로 50 세로 50 두께 20
최대 높이 60 / 옛길002276

072

할미꽃 아리랑 SP 음반

해방 후 / 코스모스레코드, C1002 /
옛길002456

079

Sounds of Korea 소노시트 음반

1950년대 / 가로 19 세로 18.5 /
옛길002323

073

흘러간 아리랑 SP 음반

해방 후 / Sinsin레코드, 5385 / 옛길002463

080

농어촌 잡지 EP 음반

연대 미상 / JIGU 레코드 / 옛길002431

074

아리랑 SP 음반

해방 후 / AEHO레코드, A-220 /
옛길002462

081

애국가 아리랑 EP 음반

연대 미상 / KBCA 레코드, EP 7001,
공보부 제작 / 옛길002301

075

아리랑 술집 SP 음반

해방 후 / OASIS레코드 88525 / 옛길002457

082

アリラン EP 음반

1950년대 후반 / Columbia AA-17 /
옛길002492

076

아리랑 타령 SP 음반

해방 후 / 킹스타레코드, K 5824 /
옛길002461

083

アリラン EP 음반

1960년대 / Columbia SA 643 /
옛길002262

077

정선아리랑 SP 음반

1950년대 / Domido, D1024 / 옛길002460

084

アリラン, トラジ EP 음반

1960~1980년대 초반 / Teichiku SN-1134
/ 옛길002263

085

한국민요특집 제1집 LP 음반

1960~1970년대 / 킹스타레코드 /
옛길002432

086

한국민요특집 제1집 LP 음반

1960~1970년대 / 킹스타레코드 /
옛길002438

087

한국민요특집 제2집 LP 음반

1960~1970년대 / 킹스타레코드 /
옛길002444

088

한국고전무용곡집 LP 음반

1960~1970년대 / 신세기레코드 /
옛길002527

089

한국민요특집 제3집 LP 음반

1960~1970년대 / 킹스타레코드 /
옛길002441

090

한국민요특집 제5집 LP 음반

1960~1970년대 / 킹스타레코드 /
옛길002446

091

폴모리아 한국 공연 특집 LP 음반

1960~1970년대 / 옛길002517

092

폴모리아 베스트 컬렉션(3) LP 음반

1960~1970년대 / 필립스 / 옛길002518

093

The Little Angels LP 음반

1960~1970년대 / 필립스 / 옛길002571

094

김세레나 힛트 앨범 NO.2

1960~1970년대 / 아시아레코드사, AL193 /
옛길002272

095

Korean Folk Song Vol.1 LP 음반

1960~1970년대 / 옛길002579

096

Korean Folk Songs LP 음반

1960~1970년대 / 신세계레코드, 민-1256 /
옛길002501

097

흘러간 노래 앨범 아리랑랑랑(娘娘)
LP 음반

옛길002525

098

아리랑랑랑(娘娘) LP 음반

옛길002528

099

정선아리랑 LP 음반
옛길002467

100

홀로아리랑 아버지의 노래 LP 음반
1990년대 / 제일레코드 / 옛길002502

101

민족의 노래 아리랑 LP 음반
신나라레코드 / 옛길002507

102

하춘화 민요 스테레오 제2집 LP 음반
지구레코드 / 옛길002562

103

한국고전민요 제3집 LP 음반
옛길002594

104

한국고전무용곡 제1집 LP 음반
옛길002466

105

고전민요 제1집 LP 음반
옛길002513

106

고전민요 제2집 LP 음반
옛길002511

107

한국민요 제1집 LP 음반
옛길002555

108

한국민요 제3집 LP 음반
옛길002569

109

한국민요악곡 민요삼천리 LP 음반
옛길002564

110

단령(團領) · 단령대(습의)
중요민속문화재 제254호 / 조선(16C) /
구성 : 홑 / 소재 : 무문단(無紋緞)/주(紬, 고름)
/ 단령대 소재 : 문단(紋緞) / 뒷길이 131
앞길이 126 뒷품 90 화장(각폭) 61+23
진동 42 수구 42 / 옛길001419, 옛길001420

111

당저고리(습의)
중요민속문화재 제254호 / 조선(16C) /
구성 : 솜 / 소재 : 겉감-주(紬), 금선단(金線緞)
안감-주(紬) / 뒷길이 85 뒷품 56 화장 94.5
진동 34 수구 31.5 / 옛길001417

112

장저고리(습의)

조선(16C) / 구성 : 솜 /
소재 : 겉감-화문단(花紋緞), 주(紬)
안감-주(紬), 저주지(楮注紙) / 뒷길이 84
뒷품 60 화장 99 진동 33 수구 31 / 옛길001418

113

홑적삼(습의)

조선(16C) / 구성 : 홑 / 소재 : 면포(綿布) /
뒷길이 52 뒷품 67 화장 72 진동 27.5
수구 25 / 옛길001410

114

홑바지(습의)

조선(16C) / 구성 : 홑 / 소재 : 면포(綿布) /
총길이 85.5 허리둘레 95 부리 70 /
옛길001401

115

홑치마(습의)

중요민속문화재 제254호 / 조선(16C) /
구성 : 홑 / 소재 : 금선단(金線緞), 주(紬) /
길이 120 허리둘레 88.5 치마폭 476 /
옛길001415

116

홑장옷(습의)

중요민속문화재 제254호 / 조선(16C) /
구성 : 홑 / 소재 : 저포(紵布) / 뒷길이 117
뒷품 68 진동 31 / 옛길001414

117

솜장옷(염의)

중요민속문화재 제254호 / 조선(16C) /
구성 : 솜 / 소재 : 겉감-화문단(花紋緞),
금선단(金線緞) 안감-주(紬) / 뒷길이 120
뒷품 60 화장 110.5 진동 32 수구 32 /
옛길001422

118

솜장옷(염의)

중요민속문화재 제254호 / 조선(16C) /
구성 : 솜 / 소재 : 겉감-면포(綿布), 안감-
면포(綿布) / 뒷길이 111 뒷품 64 화장 83.5
진동 32.5 수구 29 / 옛길001432

119

솜치마(염의)

중요민속문화재 제254호 / 조선(16C) /
구성 : 솜 / 소재 : 겉감-주(紬),
안감-명주(明紬) / 교직(交織) / 길이 80
허리둘레 84 치마폭 375 / 옛길001436

120

회장저고리(염의)

중요민속문화재 제254호 / 조선(16C) /
구성 : 솜누비 / 소재 : 겉감-주(紬), 화문단(花汶緞)
안감-교직(交織) / 뒷길이 48.5 뒷품 59
화장 69 진동 27 수구 24 / 옛길001433

121

버선(보공)

조선(16C) / 구성 : 겹 / 소재 : 겉감-면(綿),
안감-면(綿) / 발길이 25 회목 15 발길이 26
회목 16 / 옛길001443, 옛길001444

122

습신(염습제구)

조선(16C) / 구성 : 겹 / 소재 : 겉감-화문단
(花汶緞), 주(紬), 저주지 안감-주(紬) /
길이 25.5 나비 9.5 높이 5.5 / 옛길001439

123

악수(幄手, 염습제구)

조선(16C) / 구성 : 겹 / 소재 : 겉감-무문단
(無紋緞), 안감-명주(明紬) / 길이 28 나비 12
/ 옛길001448

124

좌수 · 우수(左手 · 右手, 염습제구)

조선(16C) / 구성 : 홑 / 소재 : 겉감-주(紬),
종이 / 길이 8 너비 6 / 옛길001449

130

현훈(玄纁)

조선(16C) / 구성 : 홑 / 소재 : 주(紬) /
옛길001441

125

낭(염습제구)

조선(16C) / 구성 : 홑 / 소재 : 겉감-가죽 /
길이 4 너비 3.5 / 옛길001450

131

홑 치마

조선(16C) / 구성 : 홑 / 소재 : 저포(紵布) /
옛길001407

126

지요(염습제구)

조선(16C) / 구성 : 겹 / 소재 : 겉감-화문단
(花汶緞), 안감-명주(明紬) / 길이 167.5
너비 41/38 (상/하) / 옛길001454

132

홑적삼

조선(16C) / 구성 : 홑 / 소재 : 주(紬) /
옛길001409

127

종교 · 횡교(縱絞 · 橫絞)

조선(16C) / 구성 : 홑 / 소재 : 마포(麻布) /
옛길001425, 옛길001426

133

회장저고리

조선(16C) / 구성 : 겹 / 소재 : 겉-주(紬),
금선단(金線緞) 안-명주(明紬) / 옛길001413

128

명정(銘旌)

중요민속문화재 제254호 / 조선(16C) /
구성 : 홑 / 소재 : 주(紬) / 옛길001458

134

당저고리

조선(16C) / 구성 : 솜 / 소재 : 겉-주(紬),
문단(紋緞) 안- 주(紬) / 옛길001416

129

대렴금(大斂衾)

조선(16C) / 구성 : 홑 / 소재 : 겉-주(紬),
안-저포(紵布) / 옛길001429

135

누비저고리

중요민속문화재 제254호 / 조선(16C) /
구성 : 솜누비 / 소재 : 겉-면포(綿布),
안-주(紬) / 뒷길이 56 품 61 화장 69
진동 29 수구 25 / 옛길001437

136
액주름(대소렴 · 보공용)
중요민속문화재 제259호 / 조선(16C) /
구성 : 겹 / 소재 : 겉감－면포(綿布),
안감－성근 면포(綿布) / 뒷길이 99 화장 101
뒤품 66 진동 31 소매너비 28 수구 25 /
옛길001592

137
개당고(開襠袴, 습의)
중요민속문화재 제259호 / 조선(16C) /
구성 : 겹 / 소재 : 겉감－면포(綿布),
안감－면포(綿布) / 총길이 86 허리둘레 80
부리 53 밑위 길이 45 / 옛길001596

138
합당고(合襠袴, 습의)
중요민속문화재 제259호 / 조선(16C) /
구성 : 홑 / 소재 : 면포(綿布) /
총길이 88.5 허리둘레 83 부리 67
밑위 길이 44 / 옛길001597

139
합당고(合襠袴, 습의)
중요민속문화재 제259호 / 조선(16C) /
구성 : 홑 / 소재 : 면포(綿布) /
총길이 87 허리둘레 83 부리 73.5
밑위 길이 43 / 옛길001598

140
합당고(合襠袴, 습의)
중요민속문화재 제259호 / 조선(16C) /
구성 : 홑 / 소재 : 면포(綿布) /
총길이 87 허리둘레 86 부리 65
밑위 길이 43 / 옛길001599

141
버선(습의)
중요민속문화재 제259호 / 조선(16C) /
구성 : 겹 / 소재 : 면포(綿布), 마포(麻布) /
길이 28~29 버선목 15.5~19
발길이 23.5~25.5 / 옛길001602~001604

142
버선(습의)
중요민속문화재 제259호 / 조선(16C) /
구성 : 겹 / 소재 : 면포(綿布), 미포(麻布) /
길이 28 버선목 16.5 발길이 23.5 /
옛길001609

143
습신(습용)
중요민속문화재 제259호 / 조선(16C) /
구성 : 겹 / 소재 : 겉감－성근 면포(綿布),
안감－성근 면포(綿布) / 길이 24 너비 10 /
옛길001610

144
행전(行纏, 습의)
중요민속문화재 제259호 / 조선(16C) /
구성 : 홑 / 소재 : 면포(綿布) / 총길이 35
너비 24 / 옛길001601

145
개당고(開襠袴, 대소렴 · 보공용)
중요민속문화재 제259호 / 조선(16C) /
구성 : 솜 / 소재 : 겉감－면포(綿布),
안감－면포(綿布) / 총길이 88 허리둘레 84
부리 51 밑위 길이 43 / 옛길001595

146
저고리(대소렴 · 보공용, 수례지의)
중요민속문화재 제259호 / 조선(16C) /
구성 : 솜 / 소재 : 겉감－면포(綿布),
안감－성근 면포(綿布) / 뒷길이 46 화장 65
뒤품 68 진동 25 소매 너비 23 수구 23 /
옛길001594

147
저고리(대소렴 · 보공용)
중요민속문화재 제259호 / 조선(16C) /
구성 : 솜 / 소재 : 겉감－면포(綿布),
안감－면포(綿布) / 뒷길이 61.5 화장 99
뒤품 66 진동 26 소매 너비 23.5 수구 20.5 /
옛길001593

148

삽(翣, 치관제구)

조선(16C) / 옛길박물관001612~001614

154

한지

조선(16C) / 옛길박물관001657

149

소모자(小帽子, 대소렴 · 보공용)

중요민속문화재 제259호 / 조선(16C) /
구성 : 솜 / 소재 : 겉감-면포(綿布) /
높이 20 너비 21 둘레 62 / 옛길001600

155

중치막(수례지의)

중요민속문화재 제259호 / 조선(16C) /
구성 : 솜 / 소재 : 겉감-면주(綿紬),
안감-면포(綿布) / 뒷길이 125.5 화장 95
뒤품 60 진동 31 소매 너비 31 수구 20 /
옛길001620

150

이불

조선(16C) / 구성 : 홑 / 소재 : 면포(綿布) /
너비 70 길이 218 / 옛길001611

156

저고리(습의)

중요민속문화재 제259호 / 조선(16C) /
구성 : 솜 / 소재 : 겉감-면주(綿紬),
안감-성근 면포(綿布) / 뒷길이 60 화장 63
뒤품 58 진동 27.5 소매 너비 24.5 수구 22 /
옛길001623

151

부채

조선(16C) / 길이 34 / 옛길박물관001615

157

합당고(合襠袴, 습의)

중요민속문화재 제259호 / 조선(16C) /
구성 : 홑 / 소재 : 면포(綿布) / 총길이 80.5
허리둘레 83 부리 66.5 밑위 길이 42.5 /
옛길001629

152

직령 조각(直領 片)

중요민속문화재 제259호 / 조선(16C) / 옛길박
물관001616

158

합당고(合襠袴, 습의)

중요민속문화재 제259호 / 조선(16C) /
구성 : 홑 / 소재 : 면포(綿布) / 총길이 84
허리둘레 80 부리 66 밑위 길이 34 /
옛길001630

153

철릭 조각

조선(16C) / 옛길박물관001617

159

멱목(幎目, 습용)

중요민속문화재 제259호 / 조선(16C) /
구성 : 솜 / 소재 : 겉감-면포(綿布),
안감-성근 면포(綿布) / 길이 23 너비 21.5 /
옛길001644

160

악수(습용)

중요민속문화재 제259호 / 조선(16C) /
구성 : 겹 / 소재 : 겉감 – 면포(綿布),
안감 – 성근 면포(綿布) / 좌 – 가로 18.5
세로 9, 우 – 가로 18.5 세로 9 / 옛길001645

161

버선(습용)

중요민속문화재 259호 / 조선(16C) /
구성 : 겹 / 소재 : 겉감 – 면포(綿布),
안감 – 면포(綿布) / 길이 29 버선목 18
발길이 24.5 / 옛길001632, 001633

162

버선(소렴용)

조선(16C) / 구성 : 솜 / 소재 : 겉감 – 면포(綿
布), 안감 – 면포(綿布) / 길이 27~30 버선목
16.5~19 발길이 23.5~26 / 옛길001634~
001642

163

여모(습용)

중요민속문화재 제259호 / 조선(16C) /
구성 : 솜 / 소재 : 무문단(無紋緞),
5매 수자직, 아청색) / 높이 11.5
둘레 64.5 / 옛길001631

164

짚신(습용)

중요민속문하재 제259호 / 조선(16C) /
옛길001643

165

장옷(소렴용)

중요민속문하재 제259호 / 조선(16C) /
구성 : 솜 / 소재 : 겉감 – 사면교직(絲綿交織),
안감 – 성근 면포(綿布), 동정 – 면주(綿紬) /
뒷길이 114 화장 79 뒤품 70 진동 31
소매 너비 31 수구 30 / 옛길001618

166

장옷(소렴용)

중요민속문화재 제259호 / 조선(16C) /
구성 : 솜 / 소재 : 겉감 – 면주(綿紬, 아청색),
안감 – 성근 면포(綿布), 동정 – 면주(綿紬) /
뒷길이 109 화장 77 뒤품 68 진동 29
소매 너비 28 수구 28 / 옛길001619

167

저고리(소렴용)

중요민속문화재 제259호 / 조선(16C) /
구성 : 솜 / 소재 : 겉감 – 면주(綿紬),
안감 – 성근 면포(綿布), 동정 – 면주(綿紬) /
뒷길이 63 화장 66 뒤품 67 진동 25
소매 너비 23 수구 23 / 옛길001624

168

치마(소렴용)

중요민속문화재 제259호 / 조선(16C) /
구성 : 겹 / 소재 : 겉감 – 면포(綿布),
안감 – 성근 면포(綿布) / 총길이 87
허리둘레 90 / 옛길001626

169

베개(대렴용)

중요민속문화재 제259호 / 조선(16C) /
구성 : 솜 / 소재 : 면포(綿布) / 길이 28
폭 9 높이 8 / 옛길001646

170

이불(대렴용)

중요민속문화재 제259호 / 조선(16C) /
구성 : 솜 / 소재 : 겉감 – 면포(綿布),
안감 – 면포(綿布) / 너비 163 길이 199 /
옛길001647

171

지요(대렴용)

중요민속문화재 제259호 / 조선(16C) /
구성 : 솜 / 소재 : 성근 면포(綿布) /
길이 145 너비 33 / 옛길001648

172
개당고(開襠袴)
중요민속문화재 제259호 / 조선(16C) /
구성 : 솜 / 소재 : 겉감-면포(綿布),
안감-성근 면포(綿布) / 총길이 85
허리둘레 76 부리 45 밑위 길이 45 /
옛길001627

173
합당고(合襠袴)
중요민속문화재 제259호 / 조선(16C) /
구성 : 홑 / 소재 : 면포(綿布) / 총길이 87
허리둘레 88 부리 70 밑위 길이 40.5 /
옛길001628

174
적삼
중요민속문화재 제259호 / 조선(16C) /
구성 : 홑 / 소재 : 겉감-면포(綿布) /
뒷길이 63 화장 79 뒤품 67 진동 23.5
소매 너비 22 수구 22 / 옛길001621

175
저고리
중요민속문화재 제259호 / 조선(16C) /
구성 : 겹 / 소재 : 겉감-면포(綿布),
안감-면포(綿布), 동정-면포(綿布) /
뒷길이 56 화장 68.5 뒤품 65 진동 23
소매 너비 20.5 수구 20.5 / 옛길001622

176
한삼
중요민속문화재 제259호 / 조선(16C) /
구성 : 홑 / 소재 : 겉감-모시, 수구-면주(綿紬) /
뒷길이 60 화장 116.5 뒤품 60 진동 27
소매 너비 24.5~20 수구 21 / 옛길001625

177
현훈(玄纁)
중요민속문화재 제259호 / 조선(16C) /
구성 : 홑 / 소재 : 면포(綿布) / 길이 132
너비 35 / 옛길001649

178
면사끈과 종형 장식
중요민속문화재 제259호 / 조선(16C) /
옛길001651

179
삽(翣)
중요민속문화재 제259호 / 조선(16C) /
옛길001650

180
초석(草席, 대렴용)
중요민속문화재 제259호 / 조선(16C) /
소재 : 왕골 / 길이 151 너비 29 /
옛길001652

181
훈(纁)
중요민속문화재 제259호 / 조선(16C) /
구성 : 홑 / 소재 : 면주(綿紬), 황토색 /
길이 182 너비 37 / 옛길001654

182
현(玄)
중요민속문화재 제259호 / 조선(16C) /
구성 : 홑 / 소재 : 면주(綿紬), 밤색 /
길이 181 너비 37 / 옛길001655

183
명정(銘旌)
중요민속문화재 제259호 / 조선(16C) /
구성 : 홑 / 소재 : 초(絹) / 길이 199 너비 44 /
옛길001653

184

전단후장형 포 조각

중요민속문화재 제259호 / 조선(16C) /
옛길001656

185

한삼(수의, 첫 번째로 입은 웃옷)

조선(17C) / 구성 : 홑 / 소재 : 주(紬) /
뒷길이 52 화장 94 뒤품 55 진동 34 수구 26 /
옛길002609

186

저고리(수의, 두 번째로 입은 웃옷)

조선(17C) / 구성 : 겹 / 소재 : 겉감-주(紬)
안감-면포(綿布), 주(紬) / 뒷길이 50 화장 81
뒤품 55 진동 31.5 수구23.5 / 옛길002610

187

장옷(수의, 세 번째 입은 웃옷)

조선(17C) / 구성 : 솜 / 소재 : 겉감-주(紬),
거들지-주(紬), 안감-면포(綿布) /
뒷길이 120.5 화장 83.5 뒤품 53 진동 31
수구 25.5 / 옛길002611

188

바지(수의, 첫 번째 입은 아래옷)

조선(17C) / 구성 : 홑 / 소재 : 면포(綿布) /
조각 길이 47 / 옛길002612

189

바지(수의, 두 번째 입은 아래옷)

조선(17C) / 구성 : 겹 / 소재 : 면포(綿布) /
조각 길이 60 / 옛길002613

190

바지(수의, 세 번째 입은 아래옷)

조선(17C) / 구성 : 누비 / 소재 : 겉감-주(紬),
안감-면포(綿布) / 총길이 101.5 허리둘레 84
/ 옛길002614

191

치마(수의, 네 번째 입은 아래옷)

조선(17C) / 구성 : 솜누비 / 소재 : 겉감-주(紬)
안감-면포(綿布), 주(紬) / 총길이 84
치마폭 354 / 옛길002615

192

바지(소렴)

조선(17C) / 구성 : 솜옷 /
소재 : 겉감-명주(明紬), 안감-면포(綿布) /
총길이 94 허리둘레 88 바지폭 44.5 /
옛길002620

193

장옷(소렴)

조선(17C) / 구성 : 솜누비 / 소재 : 겉감-주(紬)
겨드랑이 사각무-문단(紋緞) 안감-면포(綿布),
사면교직(絲綿交織) / 뒷길이 125.5 화장 87.5
뒤품 55 진동 35 수구 29.5 / 옛길002621

194

저고리(소렴)

조선(17C) / 구성 : 겹 / 소재 : 겉감-주(紬),
안감-주(紬) 면포(綿布) / 뒷길이 54 화장 84
뒤품 54 진동 33.5 수구 23 / 옛길002622

195

저고리(소렴)

조선(17C) / 구성 : 솜누비 / 소재 : 겉감-주(紬)
감-면포(綿布), 주(紬) / 뒷길이 50 화장 70.5
뒤품 52 진동 26.5 수구23.5 / 옛길002623

196
저고리(소렴)

조선(17C) / 구성 : 솜누비 / 소재 : 겉감 – 주(紬)
안감 – 주(紬), 면포(綿布) / 뒷길이 57 화장 82
뒤품 54 진동 34.5 수구 26 / 옛길002624

202
바지(보공)

조선(17C) / 구성 : 홑 / 소재 : 면포(綿布) /
총길이 89 허리둘레 84 / 옛길002637

197
저고리(소렴)

조선(17C) / 구성 : 솜누비 / 소재 : 겉감 – 주(紬)
안감 – 주(紬) / 뒷길이 52 화장 74 뒤품 47
진동 29.5 수구 20 / 옛길002625

203
저고리(보공)

조선(17C) / 구성 : 겹 / 소재 : 면포(綿布) /
뒷길이 53 화장 81.5 뒤품 55 진동 32.5
수구23.5 / 옛길002635

198
저고리(소렴)

조선(17C) / 구성 : 솜누비 / 소재 : 겉감 – 주(紬)
안감 – 주(紬), 면포(綿布) / 뒷길이 71.5
화장 73.5 뒤품 58 진동 34 수구27 /
옛길002626

204
저고리(보공)

조선(17C) / 구성 : 솜 / 소재 : 면포(綿布) /
뒷길이 65 화장 70 뒤품 53 수구 26 /
옛길002636

199
치마(소렴)

조선(17C) / 구성 : 솜 /
소재 : 겉감 – 면포(綿布), 안감 – 면포(綿布) /
총길이 85 / 옛길002629

205
장옷(보공)

조선(17C) / 구성 : 솜 / 소재 : 겉감 – 주(紬),
안감 – 주(紬), 면포(綿布) / 뒷길이 98.5
화장 68+∝ 뒤품 60 진동 37 수구 30.5 /
옛길002638

200
치마(보공)

조선(17C) / 구성 : 솜 /
소재 : 겉감 – 면포(綿布), 안감 – 면포(綿布) /
총길이 79 허리둘레 52+∝ 치마폭 190+∝ /
옛길002633

206
악수(幄手, 염습구)

조선(17C) / 구성 : 솜 / 소재 : 겉감 – 주(紬),
안감 – 면포(綿布) / 좌 – 가로 13 세로 16,
우 – 가로 14 세로 14 / 옛길002616

201
치마(보공)

조선(17C) / 구성 : 솜 / 소재 : 겉감 – 주(紬),
허리말기 – 주(紬), 안감 – 면포(綿布) /
총길이 89 허리둘레 80 치마폭 377.5 /
옛길002634

207
소모자(보공)

조선(17C) / 구성 : 솜 / 소재 : 무문단(無紋緞) /
높이 19 모자 둘레 78 / 옛길박물관002639

208

땋은 머리와 댕기(唐只, 기타)

조선(17C) / 구성 : 홑 / 소재 : 수(繡) /
길이 10 너비 4, 길이 27 너비 4 /
옛길002617

214

대렴포 종교 조각(大斂布 片, 대렴)

조선(17C) / 구성 : 홑 / 소재 : 면포(綿布) /
길이 111 너비 34, 길이 93.5 너비 34 /
옛길002631

209

낭(囊, 염습구)

조선(17C) / 구성 : 홑 / 소재 : 주(紬) /
길이 3 너비 2.2 / 옛길002627

215

대렴포 횡교 조각(大斂布 片, 대렴)

조선(17C) / 구성 : 홑 / 소재 : 면포(綿布) /
길이 47~54 너비 34 / 옛길002632

210

모자(帽子, 염습구)

조선(17C) / 구성 : 솜 / 소재 : 겉감-주(紬),
안감-주(紬) / 길이 30 너비 35 / 옛길002618

216

목관(木棺, 치관제구)

조선(17C) / 목재, 소나무과 / 길이 185.5
너비 48.8/53.5 높이 50.5/52 두께 9 /
옛길002648

211

멱목(幎目, 염습구)

조선(17C) / 구성 : 솜 / 소재 : 겉감-주(紬),
안감-면포(綿布) / 길이 27 너비 29.5 /
옛길002619

217

칠성판(七星板, 치관제구)

조선(17C) / 목재, 소나무과 / 길이 168.2
너비 33.1(상) 32.5(하) 두께 6 / 옛길002650

212

소렴금 · 소렴포 조각
(小殮衾 片 · 小殮布 片, 소렴)

조선(17C) / 구성 : 홑 / 소재 : 면포(綿布) /
크기 측정 불가 / 옛길002628

218

명정(銘旌, 치관제구)

조선(17C) / 구성 : 홑 / 소재 : 초(綃) /
길이 177 너비 45 / 옛길002647

213

대렴금(大斂衾, 대렴)

조선(17C) / 구성 : 솜 / 소재 : 겉감-면포(綿布)
안감-면포(綿布) / 길이 172 너비 165 /
옛길002630

219

현 · 훈(玄 · 纁, 치관제구)

조선(17C) / 구성 : 홑 / 소재 : 주(紬) /
현-길이 168 너비 34.5, 훈-길이 125.5 /
옛길002645, 옛길002646

220
관내의(棺内衣, 치관제구)

조선(17C) / 구성 : 홑 / 소재 : 주(紬) /
길이 161 너비 35, 길이 404 너비 35 /
옛길002640, 옛길002641

221
지요(地褥, 치관제구)

조선(17C) / 구성 : 겹 / 소재 : 겉-주(紬),
안-면포(綿布) / 길이 163 너비 36 /
옛길002643

222
베개(枕, 치관제구)

조선(17C) / 구성 : 겹 / 소재 : 겉-주(紬),
안-주(紬) / 길이 18 너비 32 / 옛길002642

223
삽(翣, 치관제구)

조선(17C) / 목재 / 소나무과 / 길이
30.5~30.7 너비 20.3~28.2 두께 1 /
옛길002649

224
구의(柩衣, 치관제구)

조선(17C) / 구성 : 홑 / 소재 : 주(紬) /
길이 185 너비 34.5 높이 34.5 /
옛길002644

225
옥소고(玉所考)

조선 후기 / 가로 19 세로 26 / 권희달 기탁 /
옛길000468

226
옥소 권섭 영정(玉所 權燮 影幀,
경상북도 문화재 자료 제349호)

조선(1724) / 가로 41 세로 67 / 권희달 기탁 /
옛길000467

227
강태공전(姜太公傳)

조선 / 가로 29.0 세로 23.0 / 옛길000197

228
임진록(壬辰錄)

조선 / 가로 20 세로 21 / 옛길000683

229
상례비요(喪禮備要)

조선 / 가로 20.5 세로 29 / 옛길001516

230
상례초요(喪禮抄要)

시대 미상 / 가로 5.5 세로 10.5 /
옛길001703

231
동사촬요(東史撮要)

시대 미상 / 가로 5.8 세로 10 / 옛길001701

232
목재가숙동국통감제강
(木齋家塾東國通鑑提鋼)

조선 / 가로 19.5 세로 30.7 / 옛길001862

233
귀거래사(歸去來辭)

조선 / 가로 18 세로 29 / 옛길000681

234
태촌집(泰村集)
조선 / 가로 20.5 세로 31.2 / 옛길001853

241
간독회수(簡牘會粹)
시대 미상 / 가로 20.7 세로 21 / 옛길001734

235
부훤당문집(負喧堂文集)
조선 / 가로 20.7 세로 30.2 / 옛길001854

242
영남문헌록(嶺南文獻錄)
일제강점(1938) / 가로 17.2 세로 25.5 /
옛길001772

236
청대선생문집(淸臺先生文集)
조선 / 가로 20.8 세로 30.3 / 옛길001376

243
경상도향약(慶尙道鄕約)
조선 / 가로 22.5 세로 26.5 / 옛길001784

237
규장전운(奎章全韻)
조선 / 가로 13.9 세로 22.2 / 옛길001808

244
돈점(頓漸) 및 만보오길방(萬寶五吉方)
시대 미상 / 가로 19.9 세로 23.4 /
옛길001871

238
부모은중경(父母恩重經)
조선(1571) / 가로 17 세로 24 / 옛길001828

245
열성수교(列聖授敎)
조선 / 가로 22.4 세로 34.2 / 옛길001875

239
수륙의문(水陸儀文)
조선(1711) / 가로 22 세로 30.5 /
옛길001829

246
대전통편(大典通編)
조선 / 가로 21 세로 31.5 / 옛길001785

240
선원제전집도서(禪源諸詮集都序)
조선(1701) / 가로 20.7 세로 33 /
옛길001831

247
농기(農旗)
대한제국(1908년) / 가로 150.5 세로 242.5 /
문경시 신현1리 기증 / 옛길002608

248
길마
연대 미상 / 너비 67 높이 48 / 옛길000214

255
말
일제강점 / 높이 43 너비 31 / 옛길000121

249
자귀날
해방 이후 / 길이 15 너비 6 / 옛길000076

256
되
일제강점 / 가로 17 세로 17 높이 7 /
옛길000120

250
대패
일제강점 / 길이 25 너비 6 / 옛길00079

257
씨앗통
일제강점 / 너비 18 / 옛길000196

251
변탕
해방 이후 / 길이 26 너비 3, 길이 25 너비 2 /
옛길00080, 옛길00081

258
소죽통(구유)
일제강점 / 가로 123 세로 42 높이 47 /
옛길000135

252
각자
조선, 해방 이후 / 길이 41, 길이 38 /
옛길00082, 옛길00083

259
꿩틀
해방 이후 / 길이 30 너비 21 / 옛길000148

253
거도
해방 이후 / 길이 102 너비 28 / 옛길00085

260
먹통
해방 이후 / 길이 15 너비 3 높이 5 /
옛길000166

254
똥바가지
해방 이후 / 길이 49 높이 15, 가로 47 세로 26
높이 16 / 옛길000113, 옛길000374

261
자리 바디
연대 미상 / 길이 130 너비 10.5 /
옛길000238

262
가마니 바디
연대 미상 / 길이 101 / 옛길000241

269
논 제초기
연대 미상 / 가로 37.2 세로 247 /
옛길000494

263
신골
해방 이후 / 길이 60, 가로 7.8 세로 5.2
높이 1.3, 가로 17 세로 7.5 /
옛길000256, 옛길000581

270
자
연대 미상 / 길이 85 / 옛길000748

264
톱
연대 미상 / 길이 67 / 옛길000268

271
엽전
연대 미상 / 지름 3 가로 2.5 세로 2.3 /
옛길000653

265
탯돌
연대 미상 / 길이 69 높이 53 / 옛길000346

272
주판
연대 미상 / 가로 16.7 세로 5.9
전체 길이 24.2 / 옛길001741

266
약초 캐는 도구
연대 미상 / 길이 51 / 옛길000334

273
갓
조선 / 지름 30 / 옛길000689

267
찍개
연대 미상 / 길이 45 / 옛길000335

274
갓
연대 미상 / 지름 35 높이 17 / 옛길000360

268
채독
연대 미상 / 높이 63 바닥지름 47 입지름 36 /
옛길0000438

275
짚신
해방 이후 / 길이 21, 길이 15 /
옛길000189, 옛길000190

276
미투리
연대 미상 / 길이 27 /
옛길001756, 옛길001757

283
뒤꽂이
연대 미상 / 전체 길이 11 / 옛길000351

277
갓집
조선 / 높이 27 너비 47 / 옛길000205

284
족두리
연대 미상 / 높이 7 / 옛길000219

278
탕건
조선 / 지름 18 / 옛길000690

285
소형 가마솥
조선 / 지름 21 높이 11, 지름 11 높이 21 /
옛길000696, 옛길000697, 옛길000698

279
대패랭이
20C 후반 / 지름 31 높이 12 / 옛길001755

286
흑유주병
조선 / 높이 27 / 옛길000059

280
갈모, 갈모테
조선 후기 / 갈모-전체 길이 32.1cm,
갈모테-전체 길이 34cm / 옛길001842

287
주전자
조선 / 높이 7 너비 15 / 옛길000060

281
안경
19C 후반 / 길이 10.6 지름 3.4, /
옛길001761

288
궤상
조선 / 가로 30 세로 17 / 옛길000104

282
안경집
19C 후반 / 길이 16.5(좌), 14.8(우) /
옛길001739, 001740

289
함지
조선 / 높이 22 너비 28 / 옛길000115

290
이남박
일제강점 / 높이 23 너비 42 / 옛길000118

297
젓독
연대 미상 / 높이 25 너비 13 / 옛길000393

291
버들고리
해방 이후 / 높이 14 너비 41 / 옛길000177

298
술병
연대 미상 / 높이 26 너비 24 / 옛길000394

292
고리(8자)
연대 미상 / 길이 16.5cm 너비 5.5cm /
옛길000527

299
시루
연대 미상 / 지름 53 높이 29 / 옛길000405

293
고리
해방 이후 / 가로 26 세로 12 높이 12, 가로 27
세로 13 높이 13 / 옛길000178, 옛길000179

300
떡메
연대 미상 / 전체길이 75.3 / 옛길000431

294
나무고리
연대 미상 / 길이 16.5 / 옛길000262

301
찬합
연대 미상 / 지름 19 높이 15 / 옛길000573

295
쳇다리
연대 미상 / 지름 40 / 옛길000245

302
누룩틀
일제강점 / 높이 17 너비 28 / 옛길000126

296
떡살
해방 이후 / 길이 45 / 옛길000272

303
놋수저
조선 / 길이 24 / 옛길000700

304
표주박

해방 이후 / 가로 6.7 세로 5.3, 가로 6.5
세로 6.8 / 옛길001186

305
따베이

해방 이후 / 지름 15 / 옛길000116, 옛길
000188

306
반닫이

일제강점(1920년대) / 가로 98 세로 43
높이 82 / 옛길000727

307
연상

조선 / 가로 55 세로 32 높이 20 /
옛길000105

308
경대

조선 / 가로 19 세로 15 높이 25 /
옛길000103

309
연상 받침

조선 / 길이 55 높이 30 / 옛길000107

310
목침

일제강점 / 가로 52 세로 37 높이 17 /
옛길000149

311
화조도팔곡병풍

조선 / 가로 320 세로170 / 옛길000201

312
문자도 병풍

조선 / 가로 320 세로 170 / 옛길000202

313
묘국도팔곡병풍

연대 미상 / 가로 320 세로 170 / 옛길000204

314
등잔대

일제강점 / 높이 41 / 옛길000072

315
질화로

연대 미상 / 지름 38 높이 22 / 옛길000404

316
화로

연대 미상 / 지름 29 높이 13 / 옛길000252

317
얼개빗

연대 미상 / 길이 10.7, 길이 9 /
옛길000210, 옛길000211

318
다리미
연대 미상 / 길이 38.4 지름 18 높이 5 /
옛길000504

319
곰방대
연대 미상 / 가로 60 가로 31.5 / 옛길000514

320
벼루함
해방 이후 / 가로 31 세로 21 높이 20 /
옛길000685

321
목필통
일제강점 / 높이 15 / 옛길001180

322
분판
19C 후반 / 가로 4.7 세로 20 전체너비 28.4
/ 옛길001760

323
행연
19C 후반 / 가로 4.9 세로 8.1 / 옛길001800

324
먹통
19C 후기 / 입지름 2.9 높이 2.8 /
옛길001801

325
연적
20C 후반 / 바닥지름 5 높이 4 / 옛길001802